Riccardo Canciani

IL VIAGGIO INFINITO

Un viaggio affascinante dentro la natura
alla ricerca del senso della vita e dell'equilibrio.
E allora partiamo, armati di coraggio, curiosità
e anche un briciolo di paura.

INTRODUZIONE

"CONOSCI LA NATURA E CONOSCERAI L'UOMO"

*E' una massima che ho fatto mia
e vissuta come tale fin da sempre.*

Anno zero, secondi 1.
Inizio del tempo.

In un attimo, un enorme, inimmaginabile boato, un'esplosione gigantesca di un nucleo di pura energia ad altissima temperatura diede origine a tutto ciò che esiste nell'universo.
Enormi nubi di gas furono lanciate nello spazio circostante. Una quantità inimmaginabile di atomi di materia fu sparata tutt'attorno ad altissima velocità.
Questo fu il "big bang" o "grande boato". Tutta la materia che noi vediamo, sia sulla terra che nello spazio, proviene da questa esplosione, la quale racchiude in sé la "creazione". Tutto ebbe inizio così. Il resto, compreso il nostro presente, è soltanto una evoluzione e trasformazione di ciò che partì da quella esplosione immane che avvenne più di tredici miliardi di anni fa, all'inizio del tempo.
La nostra limitata capacità intellettiva non è in grado di comprendere appieno la grandezza di tutto questo. Perciò ci dobbiamo accontentare di vederne e osservarne pezzettino per pezzettino, cercando di studiarne i meccanismi interni e provare a mettere insieme i vari particolari, dal piccolissimo al grandissimo.
E' necessario tenere gli occhi dell'anima aperti e disponibili ad accettare la meravigliosa armonia che compone il tutto in perfetto equilibrio.

Addentriamoci dunque in questa suggestiva avventura, partendo da ciò che ci attornia: il pianeta che conosciamo meglio, la nostra Terra.

Una sfera che gira instancabile intorno al proprio asse in 24 ore e in un anno fa un giro completo intorno alla sua stella, il sole, in compagnia di tanti altri pianeti, Marte, Giove, Saturno, Venere, Mercurio. Nettuno, Plutone, ciascuno attorniato da uno o più satelliti che come la nostra Luna, hanno come centro della propria orbita un pianeta. Sembra una bellissima costruzione meccanica, oltre che a un prodigioso insieme che si muove da miliardi di anni e che per il momento non accenna a fermarsi.
Tutto questo meccanismo è soltanto uno dei molti miliardi di altri simili meccanismi complessi esistenti nell'universo. Che meraviglia!
E come ha potuto succedere che il nostro sistema solare sia diventato quello che vediamo partendo da una nube di gas?
Quello che vedremo è comune a tutti i complessi planetari, stelle, galassie, nebulose, ecc.

Il gas e le varie particelle e atomi hanno cominciato con la loro piccola forza di gravità ad attirarsi l'un l'altro, a fondersi generando calore, ad aumentare la propria massa e quindi ad attirare sempre più fino a diventare chi satellite, chi pianeta, chi stella, chi galassia, e così via.

Ognuno di questi risultati gira: intorno a se stessi, intorno alla propria stella e le galassie attorno a se stesse. Ogni cosa si muove, così che la forza centrifuga trovi il proprio equilibrio in contrasto con la forza centripeta, e la gravità del singolo componente, dovuta alla sua stessa massa, si assesti attorno alla sua linea dell'equilibrio. E' una risposta al quesito non del tutto particolareggiata, ma ne dà comunque un'idea abbastanza precisa.
Un facilissimo esperimento serve a spiegare in parte questo meccanismo di attrazione e repulsione. Basta avere a disposizione una tazza o un bicchiere d'acqua, con una punta di sapone, sulla cui superficie galleggi

una piccola quantità di polvere. Girando l'acqua con un cucchiaino ad una certa velocità e creando una leggera schiuma, si noterà una separazione della polvere in superficie. Una parte andrà verso il bordo e una parte verso il centro, dividendo nettamente le due zone. Osservando le zone si avrà, dall'interno all'esterno: forza centripeta, zona d'equilibrio e forza centrifuga. Da notare che all'interno la velocità sarà maggiore che all'esterno. Si potrà notare anche che le bollicine più grosse attireranno bollicine più piccole. Non solo, ma qualche volta sulla superficie si potrebbe delineare anche una specie di spirale a braccia.
Questo si applica a tutto. Dall'atomo alle galassie. Naturalmente non è sufficiente per spiegare completamente il meccanismo, ma fornisce una buona idea.

Il nostro viaggio richiede una certa logica nel procedere. Prima osserviamo ed esaminiamo ciò che ci è vicino, ciò in cui siamo immersi fisicamente.
Ora quindi è il momento del nostro complesso sistema solare.
Siamo in buona compagnia. Infatti i pianeti, nostri compagni di viaggio, ci stanno astronomicamente vicini e testimoniano quanto la nostra Terra, sia un pianeta del tutto diverso dagli altri. Mercurio, il più vicino al sole, terribilmente caldo e secco. Venere, dal bel nome seducente, è un pianeta caldo, molto caldo, con un'atmosfera composta da gas micidiali e piogge di metano. Marte, così simile alla Terra, ma con poca atmosfera. Sembra che anticamente fosse abitato.

Abbiamo mandato sul suolo di Marte le nostre sonde esploratrici e ci diranno. Giove così enorme e affascinante, costituito per la gran parte da gas che lo fanno sembrare un bel pallone a righe. Le sue lune sono molto interessanti per quanto riguarda la possibilità di vita. Saturno con i suoi anelli di polvere e ghiaccio. E, per finire, Nettuno e Plutone, molto più piccoli, lontani e ghiacciati. Plutone è talmente piccolo che sembra sia stato declassato a semplice asteroide.

Perché la nostra Terra è diversa? Bene, tanto per cominciare, il nostro pianeta è l'unico al momento che abbia condizioni particolari che consentono la vita così come noi la conosciamo. Infatti possiede una atmosfera composta da vari gas oltre all'ossigeno, che possiede

l'acqua allo stato liquido, ha una temperatura che, pur nel suo variare, permette lo sviluppo della vita.
La Terra, al suo interno, ha un nucleo ferroso che gira al alta velocità e genera con il suo moto un campo magnetico imponente il quale ci protegge dalle terribili e micidiali radiazioni solari. Eh sì, il sole ci riscalda, ci illumina, ci dona energia, ma emette anche potenti radiazioni che per la vita sarebbero molto dannose e che per fortuna vengono deviate dal nostro campo magnetico.
Il nostro pianeta è caldo, molto caldo, sotto di noi, ma uno strato sottile sulla sua superficie ci isola dal calore dell'interno. Questo sottile strato, la cosiddetta crosta, poggia su un oceano di lava, e si muove su di esso, cambia spessore e forma, si alza e si sposta come fa un pezzo di legno sull'acqua.
Tutto questo avviene molto lentamente ed è quasi impercettibile. Però dalle antichità delle ere geologiche ad oggi, ha cambiato spessore e posizione (vedi deriva dei continenti, a partire dalla Pangea). Tutt'ora questi movimenti della crosta terrestre, sono in atto e lo saranno fino a che la terra avrà il suo nucleo e sarà calda all'interno.

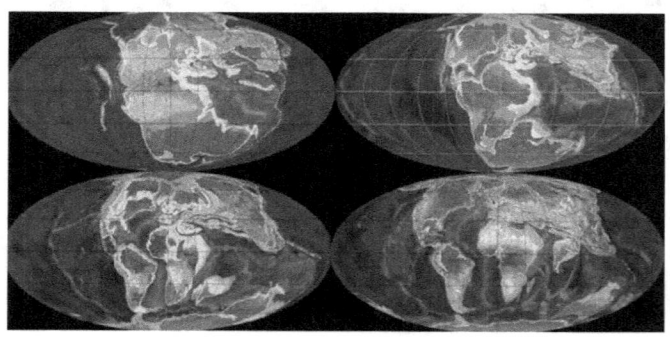

Ogni tanto, specialmente dove le placche si incontrano e si spingono, si innescano degli effetti molla, dando origine a violenti e spesso disastrosi terremoti
Se il nucleo si fermasse, la conseguenza sarebbe la fine del pianeta. Non avremmo più un campo magnetico (scudo contro le radiazioni solari). Il pianeta si raffredderebbe e non permetterebbe più la vita. Per fortuna questo non succederà per molto tempo ancora.
E intanto il continente americano continua ad allontanarsi dall'Africa e dall'Europa, l'Africa spinge contro l'Europa, l'India va verso nord e spinge sull'Himalaya, ecc.
Questi movimenti della crosta hanno costruito le montagne, hanno creato gli affossamenti necessari perché avessimo i mari e gli oceani.
Su uno spessore così sottile, pochi chilometri, si è sviluppata la vita. Prima con i batteri che hanno avuto milioni di anni di tempo per produrre ossigeno e permettere ad altre forme di vita di emergere e prosperare. Era molto difficile a quel tempo vivere su questa superficie, appena fuori dalla lava. Le temperature erano ancora molto alte, ma erano ideali per i cianobatteri. E si davano molto da fare nel loro piccolo. Infatti alla fine ci fu abbastanza ossigeno perché anche altre forme di vita, sempre piccolissime, potessero prosperare. Piccoli organismi vegetali che potevano respirare anidride carbonica, utilizzare la luce del sole per permettere la fotosintesi e quindi vivere producendo a loro volta ossigeno e assorbendo anidride carbonica. E crebbero, e cambiarono forma e misura. Arrivammo così

ad avere organismi autonomi che si adattarono bene all'elemento acqua.
Si può dire che i cianobatteri furono le prime forme di vita sulla terra. Da dove sono arrivati? La domanda è ancora senza una risposta certa e unica. Ma si può desumere che alcuni atomi si associarono ad altri diversi e formarono le prime molecole in grado di riprodursi.
Quello che è certo è che nell'energia iniziale del "big bang" era già scritto come il tutto si sarebbe evoluto. Ecco la creazione.

Nell'arco di altri milioni di anni, alcuni organismi autonomi si trasformarono e iniziarono a prendere la via della terraferma e avventurarsi sul suolo duro e raffreddato al punto giusto. Svilupparono zampe per camminare sul terreno. Uscirono dall'acqua e videro la terra ricoperta da una fitta vegetazione. Cominciarono quindi a nutrirsi di piante e anche di altri animali. Erano i primi rettili (sauri).

A loro volta i primi rettili si trasformarono e molti divennero enormi, compresi i famosi e leggendari dinosauri. La vita ha continuato, ha prosperato, cambiato, si è adattata sempre più all'ambiente, si è modificata, si è specializzata e infine è diventata quella che ora noi conosciamo.
Su questo pianeta, prima di noi, vivevano, e direi alquanto bene, animali e piante di ogni tipo. Vivevano in pace tra di loro, naturalmente rispettando il bisogno di nutrirsi. L'animale grande e forte si cibava di altri

animali più piccoli se era carnivoro, oppure si nutriva di piante se era erbivoro. Comunque si nutriva di altra vita. Il tutto avveniva in equilibrio perché faceva parte del ciclo naturale.
Questo ha permesso alla vita, a partire dalla cellula più piccola, di crescere, svilupparsi ed evolversi e occupare ogni singolo e piccolo anfratto del nostro pianeta. E la vita era comunque serena.
Poi arrivò all'improvviso una enorme palla di fuoco, gigantesca. Un meteorite grandissimo proveniente da molto lontano, ad una velocità altissima, impattò sulla terra. Causò una catastrofe. Un calore enorme nelle vicinanze dell'impatto, un'onda d'urto pari a molte bombe atomiche tutte insieme. Terremoti disastrosi. Tsunami di centinaia di metri di altezza investirono le coste del pianeta. Tutta la vita lì attorno fu spazzata via. Il resto del mondo di allora fu coperto da un cielo grigio scuro che bloccava la luce del sole, a causa della grande quantità di polveri. Iniziò così una lunga notte. Le piante morirono e anche i grandi animali che si cibavano di piante.
Per la mancanza di sole, il pianeta cominciò a raffreddarsi fino a diventare un enorme deserto. I pochi animali che si adattarono, furono salvi, mentre quelli grandi non potendo adattarsi a una nuova condizione estrema e non potendo nutrirsi a dovere né a ripararsi, nell'arco di poco tempo perirono. Fu la prima documentata estinzione di massa, causata da un bolide proveniente chissà da dove, dallo spazio lontano.
La loro morte, circa 65 milioni di anni fa, lasciò ampio spazio libero per tutti gli altri piccoli animali che

sopravvissero al disastro. Non dimentichiamo comunque che il dominio dei grandi rettili durò circa 85 – 90 milioni di anni, durante i quali subirono le loro trasformazioni e alcuni impararono anche a volare, come i pipistrelli che conosciamo e poi anche come gli uccelli, con tanto di piume.

Se vogliamo avere un'idea di quanto tempo sia un milione di anni, bisogna fare dei confronti. Duemila anni sembrano già molto lontani. Ci portano addirittura ai tempi di Cristo, durante l'impero romano. Dopo arrivò il medioevo, poi il resto e ora siamo noi. Un'enormità di tempo. Diecimila anni sono 5 volte tanto, le prime civiltà. 100 mila (10 volte tanto), prima degli inizi della storia umana. Già così siamo appena a un decimo di milione di anni. Per avere una pallida idea di 65 milioni di anni, dobbiamo moltiplicare i 100 mila per 650 volte. Un numero che non riusciamo neanche a immaginare. Ma alla fine questo numero grandissimo è solo una piccolissima frazione di tempo, come un granellino di sabbia nella spiaggia, se messo a confronto con l'inizio dell'universo e quello che sarà la fine.
Per rendere ancora meglio l'idea del tempo, proviamo ad immaginarci immersi in un fitto bosco. Vediamo chiaramente gli alberi da cui siamo attorniati, ma non quelli più lontani. Il nostro mondo è come se fosse tutto lì. Un po' di alberi verdi attorno a noi. Allora saliamo su un albero, fino alla cima. Il nostro paesaggio si allarga. Saliamo su una collina e il paesaggio si allarga ancora e comincia a farci sentire piccoli. Poi ci arrampichiamo su una montagna e l'orizzonte si apre e noi siamo ancora

più piccoli. Saliamo ancora, nello spazio, e vediamo la terra e gli altri pianeti. Noi siamo piccolissimi, invisibili. Potremmo salire ancora, ma ci perderemmo nell'immensità dello spazio. Questo è il tempo.

La terra, il mondo vivo di allora, nell'arco di milioni di anni, piano piano ha dato origine a svariate forme di vita sempre meno semplici.
I microorganismi unicellulari divennero organismi multicellulari complessi, sia nel mondo animale che nel mondo vegetale. Si diversificarono e crearono nuove specie e sottospecie. Ognuna con qualche differenza, se pur minima, che era di aiuto per sopravvivere e fronteggiare le situazioni ambientali del momento.

Molti millenni di anni fa si affacciò alla vita un essere abbastanza strano. Provenendo da specie di scimmie arboricole, cominciò a camminare eretto e fu quindi in grado di usare le mani e costruire piccoli arnesi per migliorare l'esito della caccia, per accendere il fuoco, scaldarsi, vestirsi e proteggersi. Esseri umani, noi, dotati di intelligenza, adattabili e quindi in grado di sopravvivere in condizioni molto avverse, periodi di caldo intenso, di siccità, di freddo estremo. L'utilizzo delle mani, specialmente il fatto che questi esseri avevano il pollice opponibile, contribuì notevolmente allo sviluppo delle capacità mentali. La massa cerebrale si ingrandì e di conseguenza anche le sue capacità. Erano gli albori della storia umana.
L'utilizzo delle mani permise quindi di imparare tanti piccoli segreti sul come combattere gli animali

predatori, come costruire lance appuntite, ricavare utensili da taglio da materiali durissimi, quale la selce. Permise di vivere la giornata ricavandone un tempo anche per pensare, curiosare e capire.
Ci siamo sentiti sin da subito come i padroni della terra. E abbiamo cominciato ad approfittare di quanto la natura ci poteva dare spontaneamente.
Fin qui tutto bene. Fintanto che il nostro dominio ha considerato la terra come essere vivente e lo ha rispettato di conseguenza.

Però... sì c'è un però a tutto questo. L'equilibrio si è incrinato quando l'uomo, homo sapiens, ha cominciato a voler modificare la terra che lo nutriva. Ha cercato di prevaricare, a volere di più, a sottomettere gli altri animali. Entrò in competizione prima con gli altri animali, poi con altri uomini provenienti da luoghi diversi. Incominciò a uccidere qualsiasi altro uomo perché diverso solo perché veniva da un'altra parte del nostro bel pianeta, oppure perché era di colore diverso, o anche solo perché aveva una cultura e lingua diversa. Perché?
Qui è utile una considerazione. Conosciamo il luogo attorno a noi e ci adattiamo ad esso. E sembra di stare bene. Ci sentiamo sicuri. Conosciamo la nostra famiglia, gli amici e ciò che ci circonda. Poi qualcosa cambia, il paesaggio stesso, le persone attorno a noi, e non ci sentiamo più sicuri. Ci prepariamo inconsciamente a fronteggiare situazioni potenzialmente pericolose. Il mondo esterno diventa il nemico da cui

guardarsi e contro cui combattere se necessario. E' automatico e funziona così ancora oggi.

La scusa per l'uomo primitivo per combattere contro altri uomini era che le altre tribù avrebbero cercato di sottrargli quel poco che gli serviva per vivere. Prevalsero così alcuni gruppi più forti che poco alla volta diedero origine a quello che oggi chiamiamo civiltà autonoma fintanto che non si scontrava con altre che, come la sua, pensavano di essere più forti e migliori.

Che strano, però: anche le formiche agiscono così. Anche altri animali agiscono così. E allora dove sta la differenza? Forse nel fatto che gli animali e le piante si accontentano e cercano solo la sicurezza. L'uomo invece vuole di più, sempre di più.

Non sto qui a elencare le stupidaggini e crudeltà che l'homo sapiens ha messo in atto durante la sua evoluzione. Questo fa parte della storia e le scoperte archeologiche confermano questa tendenza umana.

Noi chiamiamo questo tempo di migliaia di anni: evoluzione umana. Perché? Il verbo evolvere significa cambiare da dentro a fuori, assecondare la spinta che viene dall'interno per andare all'esterno, nella direzione della ricerca del meglio. Quindi evoluzione positiva. Allora credo che la parola "evoluzione" sia semplicemente a livello fisico, cioè di costituzione e funzionamento del corpo e quindi anche un poco dello sviluppo delle capacità mentali.

Si dice che l'uomo sia diverso dagli altri animali per il fatto che è in grado di pensare, il che presuppone capacità di capire, di progettare e immaginare, e anche

di provare emozioni. Ma siamo veramente in grado di affermare con certezza che gli altri animali non sono in grado di pensare, di progettare e immaginare, e provare emozioni? Basta osservare bene l'ambiente che ci circonda per poter affermare che anche gli altri animali e le piante possono fare altrettanto, ma in maniera un po' diversa dalla nostra.
La differenza è solo apparente, dovuta al fatto che l'uomo è in grado di parlare e quindi velocizzare la comunicazione tra essere e essere, trasmettere il suo sapere a mezzo della parola e poi a mezzo della scrittura.
A noi, uomini comuni e mediamente acculturati, basta semplicemente osservare il comportamento di alcuni animali, alcuni insetti (ad esempio: formiche, vespe, api, cocciniglie, ecc.), o addirittura osservare alcuni animaletti microscopici oppure alcune piante, per poter stabilire con certezza che anche gli esseri viventi diversi dall'uomo sono in grado di pianificare, di concepire sempre nuovi sistemi atti a favorire la propria sopravvivenza, e dopo vedremo in che modo. Ma anche di provare emozioni, di sognare e quindi di immaginare. Forse ad un livello un po' inferiore e diverso rispetto all'uomo, ma comunque immaginare, pensare, organizzare.
Per l'uomo primitivo, le piante e gli animali in genere non erano in grado di pensare e pianificare. Così è purtroppo ancora oggi per molti umani detti evoluti.
Ma non è così. Ci sono e ci sono sempre state delle realtà del tutto naturali che sfuggono ai più, ma incomprensibili fino a non tanto tempo fa.

I raggi di luce invisibili e suoni non udibili non esistevano. Esisteva l'arcobaleno, i colori, i suoni perché tutti potevano vederli e sentirli. La tecnologia ci ha dimostrato che esistono frequenze di luce non visibile all'occhio umano e infra-suoni e ultra-suoni non udibili dall'orecchio umano.
Cos'altro non siamo in grado di vedere o sentire? Molti insetti vedono bene i raggi ultravioletti, altri vedono gli infrarossi. E' solo una caratteristica della retina, quindi una maggiore sensibilità dei vari coni e bastoncini che compongono la retina. Alcuni animali odono gli infrasuoni, altri gli ultrasuoni. Si tratta del livello di sensibilità delle cellule cigliate all'interno della coclea.
Siamo comunque limitati, sia l'uomo che gli animali, da dei confini ben precisi, e a dir la verità, siamo molto bene adattati a questi confini.
La maggiore capacità, dovuta anche ad un maggiore sviluppo della massa cerebrale, ha reso l'uomo in grado di sopravvivere, adattarsi all'ambiente circostante e alle situazioni che costantemente variavano, e variano tutt'ora. L'homo sapiens è riuscito nel tempo a emergere e a dominare su molti aspetti dell'ambiente Terra. Ha dominato sugli animali, usandoli per il proprio lavoro, uccidendoli per il proprio sostentamento. Ha dominato sulla vita vegetale, creando nuove specie più produttive e coltivando la terra per estrarne il meglio per la propria vita.
Ma questo era l'inizio. E poteva anche andare bene, perché tutto sommato l'uomo doveva vivere.

La parte negativa, cioè che non andava sicuramente bene, è prima affiorata attraverso il desiderio di avere di più. Desiderio del tutto legittimo e naturale, se opportunamente preso in considerazione e soprattutto controllato. Un principio tutt'ora valido dice: "la mia libertà finisce dove comincia la tua".

Però quando l'uomo comincia e pensare: "Ecco, il mio vicino è sano, è bello e forte, mangia più di me, ha maggiori possibilità, ha più terra coltivata, ha più animali… ecc. Perché non posso avere anch'io tanto come lui, se non di più?

E allora il vicino, che possiede sempre l'erba più verde, diventa oggetto di invidia, di antipatia, di desiderio di possesso. Diventa poco alla volta il nemico. E l'unico modo per avere quello che lui ha, se non lo da di sua spontanea volontà, è quello di ucciderlo. Questo meccanismo è stato il motore di tutte le guerre, comprese quelle più recenti, con le loro tragiche conseguenze, sin dai tempi preistorici, al tempo delle primissime fasi di organizzazione sociale (famiglie, villaggi, città). Ed è un meccanismo tutt'ora in atto, non solo, ma anche molto più attivo, a dispetto di quella che tutti noi chiamiamo evoluzione.

Ma non è tutto. L'uomo ha cominciato già nell'antichità a dare un valore in denaro a tutto ciò che faceva parte del suo ambiente, specialmente a ciò che era vivo. L'uso del denaro sostituiva il sistema che l'uomo aveva necessariamente adottato e che gli permetteva di ottenere, in cambio di oggetti o beni, qualcosa che gli serviva in quel momento. Poi pensò che forse era più comodo e sicuro viaggiare con del denaro in tasca, senza

cose pesanti addosso. E così il denaro prese piede e diventò il principale bene.
C'è stata una gara che è diventata una "escalation" per chi si arricchiva di più e più in fretta. Gara che continua ancora ai nostri giorni, naturalmente a discapito di altri che hanno meno possibilità. Ma c'è di peggio. Abbiamo avuto anche l'ardire di andare a rubare ad altri popoli, con la conseguenza di ridurli alla fame e alla miseria. E' successo per tutte le civiltà passate e presenti. Guardiamo all'Africa. Ancora adesso si stanno perpetrando ruberie e alcune forme di schiavismo. Guardiamo all'America. Dal 1492 in poi questa è la storia. Questo comportamento si chiama sfruttamento e comunque lo si voglia chiamare: colonialismo, espansione, esportazione di civiltà, sempre sfruttamento rimane. E' una triste diagnosi con una prognosi ancora più triste.

Certo che gli altri animali, cosiddetti inferiori, non si comportano così.
Allora mi viene da chiedermi: siamo superiori perché abbiamo più intelligenza oppure siamo pari o addirittura inferiori perché non usiamo l'intelligenza?
Credo che conosciamo bene la risposta. E i posteri giudicheranno.

Anche alcuni insetti si comportano in modo simile, ma non uguale. Un esempio comune è il calabrone che approfitta del lavoro dell'ape e cerca di depredare l'alveare. Probabilmente, però, il calabrone fa questo perché non trova sufficiente cibo per sé e la sua prole,

mentre l'ape si attiva di più per procurarsi il cibo di oggi e di domani.
Altro esempio è costituito dalla formica. La formica è la colonizzatrice per eccellenza. Il suo scopo è quello di assicurare la sopravvivenza della sua colonia, renderla quindi più grande in breve tempo, procurandosi la materia prima, le uova e le ninfe, a danno delle colonie vicine. Di conseguenza si organizza e pianifica attacchi a altre colonie. Molto interessante è il metodo della formica per arrivare al suo scopo.
Dalla colonia partono dei singoli individui in ordine sparso, che esplorano il terreno circostante, curiosando qua e là. Appena uno di loro individua un'altra colonia, anche molto distante, si avvicina per curiosare. Osserva e memorizza: quanto è grande questa nuova colonia, quanti ingressi ha, se sono formiche pacifiche o guerriere, ecc. e memorizza il tutto. Poi torna alla propria colonia e riferisce quanto osservato a chi di dovere, probabilmente alla regina.
L'osservare, memorizzare e riferire sono azioni che erroneamente noi attribuiamo solo all'essere umano. Però i fatti dimostrano che non è proprio così.
La regina, esaminata la situazione, dà l'ordine di attacco se è il caso. Appena dà l'ordine, un vero esercito di formiche soldato e operaie partono in ordine stretto per attaccare l'altra colonia. Dove la colonna passa, regna il silenzio. Anche gli uccelli cessano il loro canto e l'unico suono che si avverte è un brusio sommesso di migliaia di individui compatti in marcia. La colonia da depredare può essere distante anche più di un centinaio di metri, ma questo non è certamente un problema. Arrivati sul

posto, i predoni ingaggiano immediatamente battaglia con gli ignari legittimi abitanti della colonia e mirano al loro deposito di uova e ninfe. Purtroppo per gli aggrediti, questi conflitti hanno come esito finale la perdita di quasi tutte le uova e ninfe. Ogni formica si farà carico di trasportare chi un uovo, chi una ninfa e tutte insieme faranno ritorno al loro nido, lasciando dietro di sé un devastato nido, risparmiando solo la regina e un po' di operaie che dovranno darsi da fare nuovamente per riparare i danni e ricominciare con uova e ninfe. Sarà umiliante pensarlo, ma devo dire che questo è un comportamento molto simile a quello umano.

Però né la formica né il calabrone agiscono per cattiveria, ma per puro istinto di conservazione. Non decidono di essere predoni perché fa comodo, ma solo perché così è scritto nel loro DNA e devono sopravvivere. Non architettano la predazione per fare del male, semplicemente non hanno altro sistema per sopravvivere in condizioni avverse.
Obiezione logica: "Allora anche l'uomo agisce per istinto e quindi non è colpevole". E' così? Non credo proprio e per il seguente motivo: l'istinto fa parte dell'uomo, ma l'istinto deve essere controllato dalla ragione specialmente quando c'è il pericolo che ne derivi un danno a se stesso o ad altri o all'ambiente. L'istinto è necessario per la sopravvivenza e quindi in sé è positivo.

A questo punto è necessario fermarsi e considerare la situazione attuale.

Si stava parlando di ambiente, pianeta Terra, evoluzione, ecc.
Siamo andati un po' fuori tema?
Era uno sguardo sulle condizioni ambientali e sui comportamenti dell'homo sapiens. Ogni tanto fa bene alzare gli occhi e guardare l'orizzonte per capire se stiamo andando nella direzione giusta e nel contempo prendere coscienza di dove e come siamo.

Adesso proviamo a esaminare un singolo piccolo essere vivente, esempio: una diatomea.

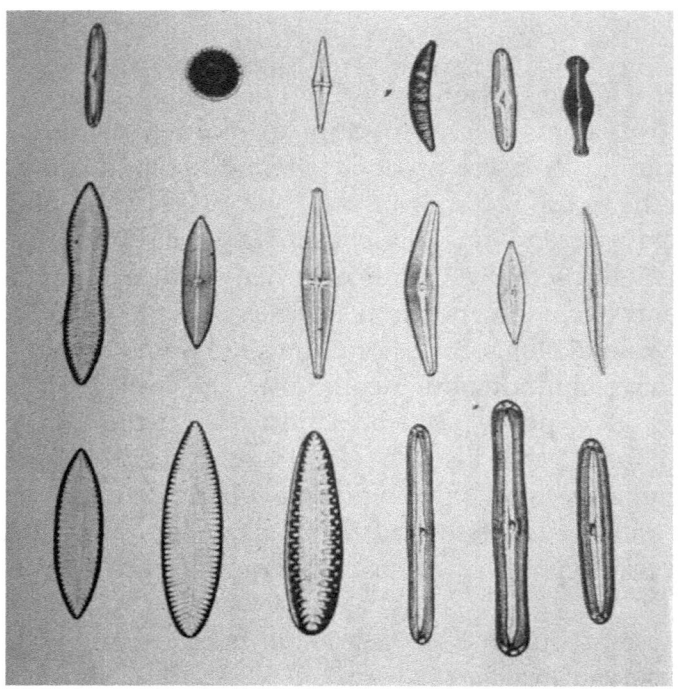

E' una microscopica alga che vive nell'acqua, dolce e anche marina. Ce ne sono innumerevoli tipi e specie diverse. In comune hanno la struttura principale. Ognuna è costituita da due metà sovrapposte, così come una scatoletta per la cipria. Dentro questa scatoletta vive la cellula individuo. Sono quindi esseri unicellulari, e sono classificabili come piante in quanto utilizzano la fotosintesi clorofilliana. La forma della scatoletta può essere di ogni tipo: rettangolare, quadrata, rotonda, oblunga a barchetta, ecc. Quello che è meraviglioso è come sono le due metà sovrapposte. Sia la parte inferiore che la superiore posseggono una grande quantità di forellini disposti in file ordinate a partire dal centro, a raggiera. Questi forellini arricchiscono la bellezza e l'eleganza della diatomea, non solo, ma hanno anche uno scopo ben preciso. La diatomea si muove. E in che modo? Attraverso alcuni dei numerosi forellini, quelli scelti per lo scopo, l'essere vivente spinge fuori l'acqua dall'interno. Questo crea una propulsione e l'alga si muove nella direzione voluta. Ciò vuol dire comunque che la piccolissima alga deve fare dei calcoli ed agire in base ai risultati. Bello vero?

Non solo ma molte diatomee si trovano in natura concatenate le une alle altre a formare dei lunghi filamenti, il cui scopo preciso non è ancora noto. Un piccolo particolare di questi filamenti è molto curioso e

potrebbe dare la risposta per quanto riguarda lo scopo. Ogni diatomea, di forma rettangolare o quadrata o a barchetta, si concatena alla seguente, spigolo con spigolo e mai lato con lato. Forse attraverso lo spigolo con spigolo il messaggio che passa tra di loro è: siamo tutti insieme, ma ciascuna è autonoma?
Ora prendiamo in esame un protozoo ciliato, quello che tutti hanno avuto modo di conoscere se hanno studiato o studiano biologia: il paramecio. E' un piccolissimo e comunissimo puntino nell'acqua se osservato a occhio nudo. Se osservato al microscopio rivela subito alcune caratteristiche affascinanti. E' di forma di uovo allungato, trasparente. Sulla superficie è cosparso di innumerevoli ciglia piccolissime e molto ben allineate longitudinalmente. Tutte queste ciglia possono muoversi, anzi direi oscillare. Con il loro movimento coordinato e localizzato fanno muovere l'animaletto avanti e indietro o lateralmente, e alcune convogliano le particelle commestibili verso una cavità laterale a forma di imbuto. Sa esattamente dove andare e come fare per arrivarci. All'interno del corpo trasparente, il cibo ingerito viene metabolizzato e gli scarti raccolti in piccoli vani creati sul momento ad hoc, e svuotati verso l'esterno quando pieni. Una cosa molto affascinante di questo animaletto è come un individuo diventa due individui. In sé il meccanismo è comune a tutti gli organismi anche più grandi ed evoluti come ad esempio un cavallo o anche l'uomo stesso. Però nel paramecio si possono vedere senza recare danno. Dapprima una linea sottilissima comincia a tagliare in due metà come se indossasse una cintura che stringe sempre più, mentre

all'interno il nucleo comincia a dividersi in due e posizionarsi uno da un lato della cintura e l'altro all'altro lato. La cintura si stringe ancora fino a dividere in due il paramecio e così diventano due parameci che tirano e si strattonano fino alla separazione completa. Il processo dura circa cinque minuti con la temperatura dell'acqua a circa 23-25 °C. Mediamente dopo un quarto d'ora il processo di divisione ricomincia, e così via.

E' anche molto semplice procurarseli in natura. Basta un po' d'erba secca immersa in un barattolo d'acqua e qualche giorno di tempo.

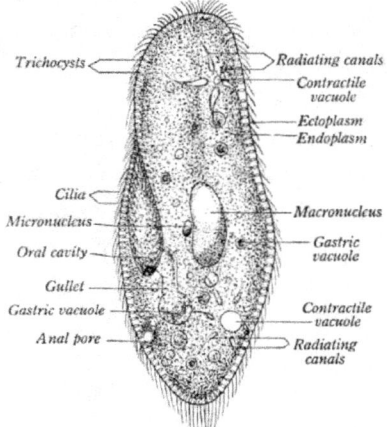

Fig. 65. Paramecium caudatum, *Showing General Structure*

Nell'acqua ci sono protozoi di tutti i tipi e sono molto comuni, dalle forme e caratteristiche diverse e altrettanto affascinanti. Diciamo che il paramecio è uno semplice semplice tra questi. Più semplice ancora è l'ameba, protozoo privo di superficie fissa, quindi senza pelle e anche senza ciglia. Si muove anche l'ameba con un sistema tutto suo. Praticamente rotola, cambia forma. Per nutrirsi, semplicemente avvolge la particella presa di mira e si richiude dietro di essa. Anche in questo caso si può osservare che qualcosa deve avvertire l'ameba della direzione giusta e dare il messaggio che quella particella è commestibile.

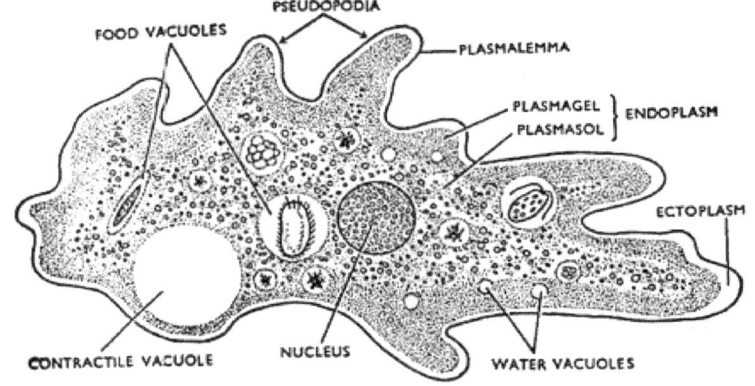

Fig. 46. *Amoeba proteus*.

Uno dei piccolissimi animaletti che prosperano nell'acqua dolce, più singolare e affascinante e non tanto semplice, è il "rotifero". Appena più grande del paramecio, è completamente diverso e più complicato. A forma di fuso. Ad una estremità la testa e all'altra la coda. La "testa" sembra solo una estremità del fuso, senza niente di speciale, quando è a riposo. Ma quando entra in azione, cambia completamente aspetto e funzione. Si divide in due per lungo. Le due parti si allargano come a formare due piatti con il bordo liscio sul quale una serie di ciglia incominciano a vibrare in modo coordinato e causando un movimento di risucchio nell'acqua, ciascun piatto verso il centro.

L'animaletto può rimanere, a scelta sua, ancorato con la coda che si trasforma in ventosa a tre punte e che sparisce e rimane una semplice punta quando decide di andare a spasso, utilizzando i due piatti cigliati della testa come un motore fuoribordo. Qualsiasi particella o altro più piccolo animaletto che si trova nei paraggi della testa risucchiante, viene convogliato verso il centro come in un imbuto, alla fine del quale ci sono due parti un po' più consistenti, che pulsando ritmicamente, vagliano, comprimono e inviano verso l'interno la preda. Pur con tutte queste caratteristiche e capacità, l'animaletto non è più grande di un millimetro.
Affascinante, vero? Non viene forse da pensare che animaletti così piccoli devono avere qualche forma di sistema nervoso che detta e coordina l'azione secondo l'esigenza del momento?

Domanda: "E come siamo arrivati alla organizzazione di complessi di cellule che formano un individuo vivente, quale può essere un animale, anche piccolo come un topo o enorme come un dinosauro, oppure quale una piccola pianta tanto come una sequoia?". La risposta c'è in natura. Basta avere la curiosità per guardare e un minimo di conoscenza per capire. Le forme di vita, come i protozoi, avevano la necessità di agglomerarsi, cioè unirsi per aumentare le probabilità di sopravvivenza. Quindi cominciarono a mettersi insieme e vivere uniti. E si formarono i primi assembramenti o comunità. Un bell'esempio si ha nella vorticella. Piccolissimo protozoo a forma di calice, con un peduncolo molto lungo che parte da un punto comune con tutti gli altri che hanno deciso di mettersi insieme. Il numero di individui con la base in comune può arrivare a una trentina,ma generalmente è un po' inferiore. Il peduncolo è come una molla che si contrae a scatto al minimo segno di pericolo. Ogni calice è provvisto di ciglia sul bordo che con il solito movimento coordinato crea risucchio e cattura particelle di cibo. Non si può dire che la vorticella si organizzi in comunità, perché in effetti il suo è solo avere una radice in comune e ogni individuo è assolutamente autonomo e indipendente dal gruppo.

In questi assembramenti o colonie si andò creando la necessità di suddividere i compiti di ciascuna cellula parte dell'insieme, per il risparmio di energie e la maggiore efficienza per sopravvivere. Quindi alcune cellule si assunsero l'incarico di provvedere al sostentamento di tutte e perfezionarono i loro metodi di caccia. Si tratta proprio di caccia, come fanno gli anemoni di mare. Altre si assunsero l'incarico di elaborare il frutto della caccia per nutrire tutti. Altre l'incarico di procreare, altre di muoversi. Sto parlando dell'idra verde o marrone, un esserino non più grande di 8 – 10 millimetri. Le cellule che costituiscono i tentacoli hanno sviluppato un sistema di caccia del tutto simile a quello degli anemoni. La cellula è lì pronta, come tutte le altre dei tentacoli ed è in attesa. Quando qualsiasi piccolo esserino la tocca sulla punta sensore, fa scattare dall'interno della cellula una specie di freccia uncinata legata alla cellula, Questa freccia, contenente un liquido paralizzante, penetra la pelle della vittima e poi la porta

alla bocca che si trova al centro dei tentacoli. L'interno dell'idra è cavo e accoglie il malcapitato. Lì viene digerito dai succhi gastrici e assorbito dalle cellule parietali.
L'animaletto è in grado di riprodursi per gemmazione. Cioè dal suo tronco, si sviluppa un altro individuo simile per tutto a lui. Quando arriva a una certa comprensibile misura, il nuovo nato si stacca dall'idra madre e diventa un nuovo individuo assolutamente indipendente.

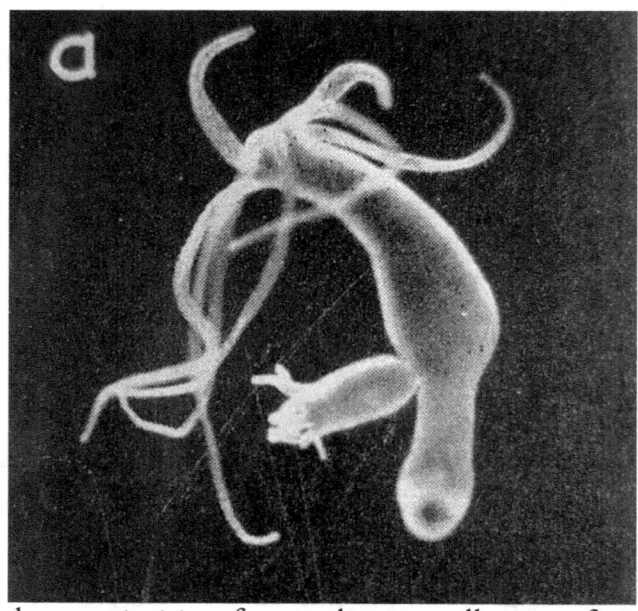

Antiche e primitive forme di vita sulla superficie del nostro pianeta sono innumerevoli. La stragrande

maggioranza di queste sono tutt'ora esistenti e molto comuni. Nei mari vivevano e vivono tutt'ora animaletti come i radiolari e le già descritte diatomee, che hanno scheletro siliceo. Nell'arco di molti milioni di anni i gusci degli esemplari morti hanno creato strati di deposito sul fondo di laghi e mari dallo spessore anche di centinaia e centinaia di metri. Questi fondi marini, con il movimento delle zolle sono stati spinti in alto fino a formare alcune montagne. Ne sono un esempio le nostre bellissime dolomiti. Si chiamano così perché il primo che ne analizzò la struttura fu uno studioso francese di nome Déodat Dolomieu nel 18° secolo. Sono composte dai resti di questi microscopici esseri vissuti milioni e milioni di anni fa, praticamente da sempre e che continuano a vivere con noi.
Tutti questi microscopiche creature unicellulari con la loro vita hanno dato un basilare apporto all'evoluzione della vita così come la conosciamo.

Non possiamo dimenticare di nominare il variegato mondo degli insetti. Abbiamo parlato delle formiche, dei calabroni solo perché certi loro comportamenti sono simili ai nostri.
Ce n'è per tutti i gusti. Sono gli animali che meglio si sono adattati ai cambiamenti del pianeta Terra. Anticamente alcuni erano anche molto più grandi degli esemplari della stessa specie di oggi. Era certamente più facile vivere allora in un mondo ricco di ossigeno, e ricco anche di sostentamento. Resti fossili testimoniano che furono tra le prime creature ad abitare la Terra.

Tutt'ora gli insetti sono comunissimi e spesso anche molto fastidiosi, ma sempre affascinanti. Posseggono delle strategie di vita che hanno permesso di superare quasi indenni le varie estinzioni e cataclismi.
Anche nel mondo degli insetti esistono situazioni analoghe a quelle umane, ma sempre rispettando l'equilibrio. Il tutto come una lunghissima catena di cui ogni anello è essenziale.
Però ci sono delle domande che sorgono spontanee alla sola osservazione di alcuni insetti. Come funzionano? Come sono fatti? Perché hanno uno scheletro esterno (esoscheletro)?
Prendiamo come esempio una vespa. Sa fare delle cose strabilianti senza utilizzare chissà quale strumento. E' in grado di costruire con poca cellulosa, o legno triturato, mescolato a saliva, dei perfetti nidi caldi e confortevoli. Sa vivere bene in società con altre della sua famiglia. Hanno necessariamente una lieve forma di gerarchia, perché di più non serve. Si sanno difendere molto bene a suon di punture con il pungiglione. Ecc.
Ma soprattutto sono state studiate anche per capire come riescano a volare.
Come le api, o come le mosche, o anche come i moscerini, direte voi. Certo. Ma come?
Innanzitutto non si stancano tanto facilmente e questo è già un motivo di stupore. In effetti, come tanti insetti volanti fanno pochissima fatica a livello fisico muscolare. Questo è quello che affascina di più tra gli insetti volatori. Per ottenere il volo senza fatica sfruttano un principio semplice, che in natura è molto comune, e anche noi umani lo abbiamo, seppur in forma un po'

più ridotta. Il principio si chiama risonanza. Ad una certa frequenza di contrazione dei muscoli impegnati nel volo, entra in gioco la risonanza, che fa sì che i muscoli si alternino nel fare leva sull'ala in modo automatico e senza sforzo. Molto interessante.
Se noi umani potessimo arrivare alla frequenza necessaria per attivare la risonanza, potremmo volare leggeri come le vespe o altri. Naturalmente, date le dimensioni e le nostre capacità fisiche, questo non è possibile. Pazienza!

Conoscere queste meravigliose forme di vita non ci deve fermare, ma ci deve spingere a osservare e capire altro e oltre.
Ora spostiamo lo sguardo su un qualsiasi essere vivente a un gradino superiore nella propria evoluzione. Uno qualsiasi, un cane o un gatto, oppure una gallina o un cavallo, oppure anche il corpo umano.
Va bene, vada per il corpo umano. Una macchina perfetta in tutti i suoi particolari.
Alto in media 170 cm e mediamente 60-70 kg di peso, alla nascita è circa 40-50 cm e circa 3-4 kg di peso. Da prima della nascita il nuovo essere ha tutto il necessario per vivere e il suo principale compito è quello di cibarsi per irrobustirsi e crescere. Ha già un cuore che pulsa, un fegato che funziona, un cervello che manda segnali, le membra che si muovono e scalciano, orecchie che funzionano bene e occhi che si muovono impazienti, ma sono ancora chiusi. I polmoni ci sono e anche funzionali ma non si espandono ancora perché non ne hanno bisogno, visto che l'ossigeno viene a lui direttamente

dalla madre attraverso la placenta. Lo stesso dicasi per l'intestino.
Già il giorno dopo della nascita qualcosa è cambiato nel suo aspetto. Gli occhi si muovono, il cuore pulsa con il ritmo giusto, manine che cercano, pelle rosea e ben distesa che protegge. Un nuovo essere, innocente e delicato pronto a dare il meglio di sé e a ricevere tutto l'affetto di cui necessita. E cresce giorno dopo giorno fino a circa 20 anni di età circa. Questo è il culmine e dopo un periodo variabile tra 20 e 30 anni, chiamato stasi, inizia un periodo di discesa nelle misure, forza fisica e capacità generali.
Per un bel periodo questa discesa è impercettibile, pian piano accelera sempre più fino alla fine che avviene oggi in media 70 – 85 anni. Il corpo fisico subisce un degrado fino a tornare parte della terra che in principio è servita alla sua crescita. Possiamo dire che è un ciclo. Un ciclo che si ripete da sempre. Ma è tutta qui la vita? Sicuramente no, ma lo vedremo più avanti.
Per ora preoccupiamoci di proseguire il nostro viaggio esplorativo.
Andiamo all'interno del corpo umano e prendiamo conoscenza dei particolari grandi e piccoli, dei meccanismi che lo fanno funzionare.
Il cuore si contrae e funziona come una pompa e fa circolare il sangue, prendendolo dalle vene e spingendolo verso le arterie. E' un sistema circolatorio perfetto e autosufficiente che si autoregola in base al fabbisogno di ossigeno e regolando anche la pressione del circuito secondo la necessità del momento.

I polmoni si espandono e si restringono autonomamente anch'essi, (in realtà sono il diaframma e i muscoli intercostali a fare tutto il lavoro) in base al fabbisogno di ossigeno, che è determinato anche dal lavoro che il sistema muscolare sta svolgendo in quel momento. I polmoni hanno il compito di fornire di ossigeno il sangue che scorre nei capillari avvolgenti gli alveoli e di rilasciare nell'aria che espiriamo l'anidride carbonica, frutto della combustione all'interno dei tessuti (muscoli, organi e cervello). E' una sorta di scambio. E' un dare e avere.
Il fegato ha il compito di trattare e purificare il sangue ed è come un grande laboratorio chimico. Filtra le tossine che il corpo produce, le mette da parte e cerca di smaltirle. Poi i reni che hanno anch'essi il compito delicato e minuziosamente preciso di filtrare il sangue ed eliminare subito le sostanze nocive. La milza, il pancreas, la cistifellea, organi molto importanti e ognuno specializzato in qualche aspetto del quotidiano vivere. Andando oltre vediamo la pelle, che è come l'involucro per tutto quello che abbiamo dentro. E' come una borsa che protegge il contenuto. Ha anche il compito di regolare la temperatura interna che se in salute non supera i 37°C. La regolazione della temperatura avviene in un modo stupefacente. I sensori esterni (piccoli peli) avvertono il cervello delle variazioni di temperatura esterna. Il cervello confronta questi dati con la temperatura interna stabilizzata e se fa freddo invia segnali di contrazione a piccolissimi muscoletti alla base di ogni singolo pelo. Questi si contraggono generando calore (pelle d'oca). Naturalmente non basta.

Allora il cervello fa contrarre anche i più grandi muscoli interni (brividi). Se invece fa caldo, il messaggio del cervello è diretto alle ghiandole sudorifere, che, come dice il nome, producono sudore, il quale evaporando perde calore, esattamente come fa un moderno umidificatore elettronico.
Poi abbiamo lo scheletro, composto principalmente di calcio, che mantiene il corpo unito e gli dà la forma che conosciamo e costituisce il punto di forza per il movimento. Per non parlare del sangue, che pompato dal cuore fa il suo giro in tutti gli angoli nascosti o meno del nostro corpo. Raccoglie i rifiuti e porta ossigeno e alimentazione a tutte le cellule e compiuto il suo giro, passando dalle arterie ai capillari, se ne ritorna in senso inverso attraverso le vene fino al cuore. Passa attraverso il fegato e lascia i rifiuti, passa attraverso i polmoni e lascia l'anidride carbonica e si carica di ossigeno, passa attraverso i villi dell'intestino e si carica di sostanze vitali, quali zuccheri, sali e vitamine. Sa esattamente dove depositare questi beni che gli vengono affidati. Ha un compito arduo ma è molto efficiente e instancabile.
Andando oltre incontriamo i sensi: vista, udito, olfatto, gusto e tatto. Ognuno di questi funziona in modo eccezionale e con una precisione straordinaria. Neanche i più attrezzati laboratori umani sono mai stati in grado di eguagliare meccanismi di queste dimensioni e precisione. E sono molto importanti per vivere bene e in sicurezza.

Un'altra caratteristica stupefacente e comune a tutti gli animali, è sicuramente il sistema di difesa. Proviamo ad immaginare un corpo vivente come una grande città o anche come una nazione. I milioni di individui che abitano questa nazione sono le cellule del corpo e lavorano per esso, affinché possa crescere, godere di buona salute e vivere sicuro. Ma i milioni di cittadini non hanno la possibilità di individuare, fermare o combattere contro qualche furbo agente straniero, che si voglia introdurre abusivamente e arrecare danno. Ecco che la natura ha previsto questa possibilità e istituito un reparto, anzi un vero e proprio esercito di difensori. In ogni nazione, c'è l'esercito suddiviso in marina, aviazione, fanteria, cavalleria leggera e pesante, ecc. C'è anche un altro esercito di incaricati alla difesa: polizia, carabinieri, vigili, guardia di finanza, ecc.
Ognuno di questi reparti di difensori ha delle caratteristiche proprie e delle relative funzioni e capacità. Ognuno subisce un addestramento rigoroso che li rende abili a fronteggiare un eventuale nemico.
Ebbene ogni corpo vivente, compreso quindi anche l'uomo, possiede un proprio sistema di difesa. Infatti il nostro esercito è composto principalmente di globuli bianchi, i nostri soldati, specializzati a combattere i diversi tipi di agenti patogeni provenienti dall'esterno. Ci sono diversi tipi di globuli bianchi, ognuno interviene nella lotta secondo la sua specializzazione. I globuli bianchi sono comandati dalla centrale operativa e sono molto ubbidienti e fedeli.
A tutti sarà capitato di procurarsi una piccola ferita in passato, specialmente da ragazzi. Sarà capitato anche che

questa piccola ferita, si sia poi arrossata e abbia anche prodotto del pus. Niente di grave. Una buona disinfettata e tutto è tornato come prima. Il rossore attorno alla ferita indicava che c'era in atto una lotta tra alcuni globuli bianchi e qualche batterio, agente patogeno nemico. Il pus era composto da globuli bianchi vittime della battaglia in corso e batteri. Se la cosa si aggravava venivano inviati sul posto altri soldati specializzati fino ad avere ragione del nemico.
Qualche volta però può capitare qualcosa di storto. Il nemico è troppo numeroso o troppo forte. I soldati stessi disertano e danno di matto mettendosi dalla parte del nemico, oppure diventano essi stessi il nemico. Qualche volta la centrale operativa viene sopraffatta e dà di matto. C'è un vero colpo di stato che rovescia il regime conosciuto e legale e instaura una specie di dittatura. Noi diciamo che l'individuo è malato cronico, oppure che è andato fuori di testa. E' possibile che questi atteggiamenti del nostro sistema difensivo, abbiano anche qualche somiglianza con la realtà che vive una certa nazione? Esperienze passate direbbero di sì. Potremmo parlarne ancora oltre e ancora…

Non viene da domandarsi come tutti questi componenti meravigliosi e peraltro comuni anche agli altri animali, possano funzionare ciascuno a modo suo e tutti insieme in modo armonico che garantisce una vita sana, tranquilla e soprattutto sicura? Ciascuno di essi lavora per conto proprio oppure c'e qualcosa o qualcuno che ha il compito di organizzare, supervisionare, dare ordini e verificarne l'esito?

Certo, abbiamo bisogno di qualcuno che comandi le operazioni e le organizzi in modo sapiente e funzionale. E questo qualcuno è il cervello. Organo meraviglioso. Perfetta centrale operativa che analizza le informazioni che arrivano dalla periferia, le mette in ordine, le registra in un apposito comparto, chiamato memoria, e stabilisce il da farsi in ogni singolo istante.
Senti o vedi qualcosa? L'informazione avuta così, generalmente va subito alla memoria (registro). Velocemente ne cerca una simile e, se la trova, risponde: ce l'ho; me la ricordo. Al contempo l'informazione passa alla centrale operativa che ordina al corpo di agire in conformità.
Questa movimentazione interna ha lo scopo di mantenere l'equilibrio a salvaguardia della propria sopravvivenza.
Bene, gli animali piccoli o grandi che siano, agiscono nella stessa maniera. Più o meno velocemente ma comunque nella stessa maniera. Presa visione dello stato delle cose in un dato momento, è il cervello che ordina agli altri organi di darsi da fare per mantenere la sicurezza e l'equilibrio. Perfino un animaletto piccolo come la dafnia, che misura non più di un millimetro, possiede un cuore, un cervello, dei muscoli, un occhio, un apparato digestivo e produce uova.

Capita qualche volta che l'organo che riceve l'ordine non sia in grado di agire di conseguenza, magari perché non è nelle migliori condizioni di salute a causa dello stress esagerato o a causa di ingredienti nocivi assunti. In questo caso, l'equilibrio generale viene compromesso e il

corpo ne da' segnale. L'organo in questione si dice che è ammalato. E non riuscendo più nel suo compito, ecco che tutto l'organismo si ammala.
Cosa vuol dire questo? Vuol dire che se il mio fegato è ammalato, anch'io mi ammalo. Se uno dei miei reni è ammalato, anch'io mi ammalo. E' conseguenza logica e inevitabile. Se un polmone non funziona bene, anche tutto il resto del mio corpo non sta bene. E allora? Non ci resta che curare il male dell'organo in questione e adoperarci che tutto ritorni in equilibrio.

Ma non è sempre una cosa semplice. Ogni singola cellula del nostro corpo, sia essa appartenente al sistema nervoso oppure a qualsiasi altro organo, non è così autonoma come sembrerebbe da questa descrizione sommaria. Infatti è connessa prima con tutte le altre cellule dell'organo di cui fa parte e poi a tutti gli altri organi del corpo stesso. Il tutto collegato e in comunicazione. E' così per qualsiasi essere vivente, sia esso vegetale o animale. La vita stessa è un equilibrio perfetto che dipende dallo stato di salute e funzionalità di tutte le cellule che la compongono. Noi, come esseri umani, non siamo diversi in questo e non possiamo esimerci dal sottostare alle regole dell'equilibrio sia personale che universale. Se solo proviamo a non voler più sottostare a certe regole dettate dall'equilibrio, siamo destinati a fallire, ad ammalarci e, nei casi più gravi, anche a morire.

Ora lasciamo per qualche minuto questo argomento e pensiamo a una cosa molto diversa che a prima vista sembrerebbe non avere alcuna pertinenza: una catena. E' composta da tanti anelli. Ciascun anello è agganciato all'anello che lo precede e a quello che lo segue. Vi è il primo anello, solo un anello, che può essere piccolo, carino, elegante, bello, oppure grosso, pesante, duro e forte. Ma è solo un anello... Dopo di questo primo, ne osserviamo un altro, e poi un altro, e tanti altri a seguire. Tutti insieme formano la catena. Dove finisce questa catena? E chi lo sa? Sappiamo solo dove inizia e cosa fa. Tiene uniti tutti gli elementi che la compongono. Rappresenta la storia di tutto quello che ci circonda, dal singolo atomo della materia base all'universo stesso, passando attraverso le prime cellule viventi, attraverso gli organismi più complessi, attraverso l'uomo, la società, il mondo, la galassia... fino ai confini dell'universo.

Un altro particolare molto interessante in natura è il seguente. Dalle forme di vita più semplici, attraverso quelle più complesse, in modo particolare riguardante il mondo vegetale, ma non solo, c'è un qualche cosa che sicuramente ha una spiegazione: la spirale. E' visibile già nei parameci e altri animaletti unicellulari. E' visibile nella catena del DNA. Diventa ancora più visibile nelle piante e nel loro comportamento. Basta osservare come una pianta rampicante riesce a salire verso la luce anche solo arrotolandosi a spirale attorno a un supporto. Osserviamo l'interno del fiore della margherita, per esempio. Notiamo che dal centro verso l'esterno i piccoli fiorellini, quelli che hanno il polline per intenderci, sono sistemati a spirale più o meno accentuata. Gli stessi alberi portano all'esterno della corteccia i segni che dentro sono costruiti a spirale, specialmente se esposti al vento. E' una struttura comune tra le conchiglie e nelle lumache. I molluschi hanno generalmente un corpo tenero e indifeso. Ecco che la conchiglia diventa un contenitore molto robusto in grado di difendere il mollusco. Se viene sviluppato in forma di spirale, aumenta la sua robustezza e al contempo occupa meno spazio. Doppio vantaggio.

A cosa serve la spirale? Non lo sappiamo ancora bene. Però la possiamo sperimentare facilmente. Basta aprire lo scarico del lavello pieno d'acqua. Nel giro di pochissimo dal centro si sviluppa una spirale. La velocità dell'acqua aumenta fino ad un massimo e non oltre. Osserviamo i tornado e le trombe d'aria, che succhiano come degli enormi aspirapolvere. E allora guardiamo oltre. Anche le galassie si presentano come spirali. I buchi neri sono delle potentissime spirali che risucchiano materiale stellare attorno. Sono chiamati buchi neri non perché siano vuoti, ma semplicemente perché la loro forza di attrazione è tale che non permette neanche alla luce di uscire e quindi sembrano neri.
La spiegazione? Evidentemente la spirale aumenta l'efficienza e diminuisce il fabbisogno di energia impiegata. Questo è un dato di fatto. Aumenta anche la resistenza a forze contrarie. Non è tutta qui la spiegazione, ma noi per il momento ci dobbiamo accontentare.
E il tutto in equilibrio perfetto e armonioso.

Noi non siamo solo spettatori di tutta questa meraviglia, ma ne siamo parte integrante e attiva, che ci piaccia o no.

Ora proviamo a sentirci corpo fisico, così come siamo in questo momento. Ci diamo una punzecchiatina con un ago su un braccio. Questo non è facile; sarebbe più facile se ce la desse qualcun altro. Come la punta dell'ago tocca e spinge sulla pelle, avvertiamo istantaneamente quello che succede e altrettanto istantaneamente ritiriamo il braccio. Questo si chiama movimento di riflesso. E' automatico, il nostro cervello non ha bisogno di dare l'ordine ai muscoli del braccio, però registra l'accaduto. Il movimento automatico avviene perché ci sono dei piccoli centri nervosi periferici che hanno il compito di reagire il più velocemente possibile autonomamente, informando comunque la centrale operativa (il cervello). Nel momento del movimento di riflesso, tutti i muscoli, anche quelli non direttamente interessati, sono posti in stato di allerta e pronti a scattare. E allora cosa è successo? E' successo che il cervello ha ricevuto uno stimolo, lo ha registrato, lo ha analizzato e ha stabilito che quello rappresentava un pericolo; di conseguenza ha avvertito tutti i muscoli di tenersi pronti all'azione. Però! Questo significa che il segnale che è partito da una singola cellula della pelle, ha percorso, in una piccola frazione di secondo, la distanza che la separa dal cervello e subito dopo tutto l'organismo è avvertito.
Ora, supponiamo che la cellula ferita ne abbia a patire a causa di infiltrazioni di qualche germe. Anche tutto il

resto del corpo è al corrente della situazione e comincia a dare segni di sofferenza. Perché ogni singola cellula del corpo è costantemente collegata a tutte le altre. Quindi la sofferenza di una diventa la sofferenza di tutte. Questo non è istantaneo, sarebbe un disastro, ma è comunque reale e verificabile.
Tutti possiamo osservare che se ci capita di essere sofferenti per qualsiasi situazione, che so... tipo mal di denti, qualche dolore alle giunture o altro, tutto il corpo ne risente e non si sente bene. Questo succede quando l'equilibrio, il vero benessere, viene compromesso. Tutto questo avviene anche in qualsiasi altro organismo vivente, microscopico o enorme che sia. Avviene anche a livelli superiori, nella società umana in modo particolare. Purtroppo ciò non viene preso in considerazione dai più e quindi il malessere generale si diffonde, l'equilibrio crolla e la società umana si ammala. La storia dell'uomo è piena di situazioni simili, ma sembra che questo non sia molto importante. I commenti alle situazioni di sofferenza sono molto superficiali, tipo: "Eh, cosa vuoi farci! Questa è la vita! ecc.", senza che vengano presi provvedimenti tempestivi e validi, cercando di scoprire la vera motivazione del malessere. Le conseguenze sono la storia.

Da considerare anche che esiste tutto un mondo, conosciuto solo superficialmente e a grandi linee dai più, in cui abitano organismi che per mantenersi in vita utilizzano la protezione e le energie di altri esseri viventi, senza dare alcunché in cambio. Questi sono chiamati: parassiti. Vivono a spese del loro ospite. Ce ne sono

tantissimi e a tutti i livelli a partire da quelli intestinali e del sangue a quelli sociali, tanto per dare una sbirciatina all'esterno.
Anche loro mettono in atto strategie complicate e al contempo efficienti per garantirsi una sopravvivenza. Possiamo nominare i più conosciuti: zecche, pidocchi, pulci, ecc. ma anche vermi, p.e. ossiuri e la tenia, che infestano l'intestino di altri animali, compreso l'uomo. Purtroppo il parassitismo è una realtà molto comune ed è in grado di togliere la possibilità di vita all'ospite stesso. Sembra assurdo in sé questo fatto perché, così facendo, loro stessi ne hanno un danno.
Ci sono dei parassiti anche tra la specie umana. E sono tanti, troppi. Uomo che parassita uomo, scavalcando ogni regola logica e ragionevole.
Ma torniamo a noi. Prendiamo come esempio il plasmodio della malaria, piccolo essere di forma allungata che si serve della zanzara anofele ed entra nel suo circuito salivare. Quando la zanzara infettata punzecchia, inocula parte della sua saliva che agisce da superficiale anestetico e anticoagulante. Questi esserini, i plasmodi, entrano nel circuito sanguigno e si insediano nei globuli rossi. Lì si nutrono del globulo rosso e si moltiplicano fino a far scoppiare il globulo ospite. Una volta liberi si impossessano ciascuno di un altro globulo rosso e ricomincia il processo. Questo succede ogni tre o quattro giorni. Al momento della liberazione dei plasmodi dal globulo rosso avviene l'innalzamento della temperatura del corpo (febbre malarica, terzana o quartana). Ci sono anche dei funghi particolari in certe

zone forestali del mondo, che parassitano insetti e lo fanno in modo molto intelligente e efficiente.
C'è una grande percentuale di persone che afferma che il fungo, correttamente chiamato micelio, uccide la pianta da cui trae sostentamento. La realtà è che la pianta colpita dal fungo è già ammalata e il fungo prospera solo sui tessuti già morti. Infatti il fungo è considerato dalla scienza come importante per il riciclaggio delle sostanze. Quindi il fungo non è da considerarsi parassita, ma necessario per il riciclo.

Noi stiamo parlando del corpo fisico, fatto di materiale organico, destinato prima o poi a essere riciclato, come tutti gli animali e le piante, vissuti prima di noi, e tutt'ora viventi nello stesso nostro ambiente Terra.

Credo che a questo punto sia necessario soffermarci un po' a guardare con curiosità un mondo conosciuto a pochi, anche se è un componente molto comune. Mi riferisco al regno minerale.
Alla mente vengono subito le parole: sali minerali, rocce e sassi. Sono solo una categoria fra tantissime altre.
Guardiamo un diamante. E' carbonio puro, senza altri ingredienti, di una bellezza sublime. E' durissimo, anzi è l'elemento più duro in natura ed è perfettamente trasparente. Ha un aspetto nobile e affascinante. Questo perché è stato intelligentemente tagliato per dare maggior capacità di riflettere la luce ad angolazioni particolari. Ma come è possibile che del semplice carbonio diventi un bellissimo diamante? Intanto bisogna sapere che il diamante si è creato nelle

profondità della terra e che se qualche volta è stato trovato vicino alla superficie, significa che in quel luogo sono avvenuti degli sconvolgimenti terrestri. E' un cristallo non tanto bello quando è grezzo. Ha bisogno di essere "tagliato" da esperti secondo dei precisi schemi che dipendono dalla struttura stessa del cristallo e assumere così tutta l'eleganza e la bellezza propria. Si è formato nell'antichità all'interno della crosta terrestre, dove la temperatura e le pressioni necessarie erano altissime e non ripetibili.
Abbiamo poi altre preziosità sotto forma di cristalli, es. tormaline, rubini, zaffiri, e tanti altri. Una in particolare è molto ben conosciuta: cristallo di quarzo. Il quarzo, bianco o rosa o citrino o ametista, ha delle proprietà particolari. Una di queste: se sottoposto a improvvisa forte pressione, dà origine a una scarica elettrica che può raggiungere anche i 10,000 volt. Questa peculiarità si chiama piezo-elettricità.
Oltre ai cristalli, abbiamo anche alcune bellissime "pietre". L'agata, ad esempio. Come si è formata? Bene, anticamente, nel subbuglio della crosta terrestre, dopo il raffreddamento, rimasero dei vuoti tra le zolle di terra e rocce. Questi vuoti sono stati raggiunti dall'acqua che filtrava dalla superficie. L'acqua, che era passata prima attraverso sali minerali di diversa natura, riempiva questa cavità e poi usciva da un'altra apertura, non senza aver lasciato nella cavità stessa parte del suo carico di sali e altre sostanze. Nell'arco dei millenni, poi le cose sono cambiate e la roccia contenente quella cavità cambiò posizione. Venne alla superficie, fu corrosa dalle intemperie, si sciolse e portò alla luce il suo contenuto

indurito e cristallizzato. Il suo contenuto si chiama agata. Tagliando l'agata si possono osservare, una volta lucidata, chiaramente i sali di cui è composta, non solo, ma anche se durante la sua formazione la roccia si è spostata, inclinata o altro, secondo i movimenti della crosta terrestre. Si può inoltre notare il punto da dove entrava l'acqua e da dove usciva.

Può capitare a tutti, specialmente agli amanti della natura, di trovarsi nei pressi di un greto di fiume. Si può osservare che si cammina su uno strato di ciottoli, grandi piccoli enormi o solo sabbia. Guardando i ciottoli se ne possono osservare di bellissimi, con venature, strati di colore diverso ben ordinati, forme un po' strane e qualcuno anche di forma geometrica ben precisa. I ciottoli e i sassi hanno fatto molta strada, perché sono partiti dalle montagne e lungo la strada hanno rotolato sfregandosi a vicenda, sospinti dall'acqua.
E' tutto un mondo molto affascinante che ci racconta il passato del nostro pianeta. Ma lo racconta solo a chi ha desiderio di ascoltare.

E che dire poi di tutte quelle forme e quantità di energie varie, che ci hanno da sempre circondati. Magnetismo e energia elettrica, tanto per nominarne qualcuna tra le più conosciute. Sono state le compagne della Terra da sempre, da prima che arrivassero i primi organismi.
Sembra che le antiche civiltà, fossero già a conoscenza dei campi elettrici, in modo particolare gli antichi egizi. In effetti pare che le piramidi stesse fossero fonte di

energia, o comunque dei grandi accumulatori. Questo pensiero è ancora in fase di approfondimento.

I campi elettrici o magnetici sono al di fuori di noi ma anche dentro di noi. Alcuni animali utilizzano i campi magnetici per sapere dove sono, per orientarsi. L'aria stessa è ricca di energia elettrica, noi esseri viventi ne siamo pervasi. Il nostro cervello stesso la produce e la utilizza per ricevere e mandare messaggi. Persino l'aria, con il suo movimento costante, dovuto alle variazioni di temperature e pressioni, genera tantissima energia elettrica e ogni tanto la scarica attraverso i fulmini.

Sappiamo tutti che la terra è carica di energia elettrica negativa. Il termine energia negativa in questo caso significa che gli atomi hanno un elettrone, di carica negativa, in più che tendono a cedere appena possono per tornare in equilibrio, e che i fulmini portano altri elettroni. Durante un temporale, quando un fulmine cade sulla terra, l'energia in questione è dell'ordine di milioni di volt. Facile da calcolare in modo molto approssimativo, solo per dare un'idea. Per superare 1 cm di distanza sono necessari circa 20.000 volt. Le nuvole più basse mediamente sono a circa 200 mt da terra, quindi a circa 20.000 cm. moltiplicato 20.000 volt, uguale 400 milioni di volt. (è pericolosissima. Basti pensare che l'energia domestica è di 220 volt ed è pericolosamente mortale). Quello che uccide in realtà non è tanto la tensione elettrica ma la quantità di corrente (numero di elettroni).

Spesso subito dopo la caduta del fulmine, una frazione di secondo, per ristabilire l'equilibrio, da terra parte la contromossa ed è molto più pericolosa e provoca un bagliore fortissimo e un gran botto.

E come si comporta l'atmosfera attorno al pianeta terra? Anch'essa è in continuo movimento. Le particelle e gli atomi che la compongono sono costantemente in movimento e seguono delle regole ben precise. Con il suo movimento attorno al proprio asse nella direzione da ovest verso est, il globo terrestre, all'altezza circa dell'equatore, provoca un movimento dell'aria che gli sta attorno, nella stessa direzione, da ovest verso est, ad una velocità che supera quella della terra stessa. Verrebbe da pensare che è molto strano perché semmai l'aria viene trascinata e quindi dovrebbe essere da est verso ovest rispetto a un punto fermo sulla superficie. Ma non è così. Sicuramente ci sarà una semplice spiegazione, ma al momento non si è ancora sufficientemente studiato il fenomeno e lo accettiamo così com'è.

Il movimento dell'aria da ovest verso est genera a sua volta dei movimenti a spirale. Sopra l'equatore le spirali sono in senso antiorario, mentre sotto l'equatore sono di senso orario. Per capire meglio, osserviamo la superficie dell'acqua in un recipiente adatto, largo abbastanza per riprodurre il fenomeno. Con una paletta piatta spingiamo l'acqua in una direzione. Vediamo che dietro alla paletta si creano dei vortici da una parte e anche dall'altra, con una particolarità elementare e semplice. I vortici di destra hanno un senso di rotazione opposta a quelli di sinistra.

L'aria si muove e si sposta in continuazione, tutto attorno al pianeta. Si muove anche in senso dello spessore. L'aria calda sale e l'aria fredda scende. E' una questione di compattezza e quindi di peso.
Il suo movimento è provocato dalla differenza di temperature, sia che quest'ultima provenga dalla terra sia che provenga dal sole. Quando l'aria sale la pressione al suolo scende (bassa pressione). Questa richiede altra aria che arriva da punti vicini con alta pressione. Lo spostamento viene chiamato brezza o vento, secondo la sua velocità. Quando si crea un nucleo di bassa pressione che si sposta velocemente seguendo un'andatura a spirale, il nucleo dà origine così al ciclone, che può essere devastante. Lo vediamo nelle trombe d'aria e tornado. Un bel temporale si sviluppa quando l'aria sale velocemente e in modo vorticoso. Quando cessa la spinta dal basso la colonna è arrivata al suo culmine (12.000 o 13.000 metri) e si allarga a fungo. Nel fare questo movimento l'aria porta con sé il vapore acqueo. Il quale poi si condensa per effetto della diminuzione della temperatura e si trasforma in nuvola. Una bella giornata di sole è facile che abbia qualche nuvola sparsa qua e là. Se c'è molta umidità (vapore), le nuvole sono più grandi e più alte. In alto il vapore si trasforma in neve per il freddo e poi precipita. La neve scende e rimane neve se la temperatura è abbastanza bassa; si trasforma in pioggia se la temperatura è un po' più alta. Quello che cambia e provoca la grandine e non la neve è la velocità (tempo) di salita e anche l'altezza stessa della salita. Il chicco di ghiaccio pesa più dell'aria che lo sostiene e quindi scende all'esterno della colonna

d'aria. Arrivato verso il fondo viene risucchiato e torna su. Si ingrandisce di un altro strato di ghiaccio e ritorna giù, poi su e un altro strato, ecc. fino a che il suo peso non vince sulla spinta dell'aria. Quante volte ha ripetuto il viaggio su e giù?
Basta rompere il chicco di grandine e vedere quanti sono i cerchietti.
La grandine è un fenomeno frequente, e legato alla stagione calda, perché è la temperatura che detta la velocità dell'aria.

Abbiamo parlato fino ad ora di una serie di dati di fatto, innumerevoli, ingegnosi e complicati, che comprovano che il tutto rappresenta un qualcosa di smisuratamente grande composto da miliardi di miliardi di cellule o particelle, tutte in perenne connessione e che rendono possibile il perfetto equilibrio. Atomi che si muovono, composti da particelle instancabili in continuo movimento, elettroni, protoni, neutroni, neutrini... Atomi che si aggregano e danno origine alle molecole e quindi alla materia conosciuta, in tutte le sue forme.
Eppure tutto sarebbe buio e non visibile se non ci fosse la luce. La luce è prodotta, per noi, dal nostro sole. Il sole, come tutte le altre stelle, emana fotoni, tra le altre cose, che viaggiano in linea retta nello spazio a 300.000 chilometri al secondo. Questi fotoni vibrano e la loro frequenza di vibrazione (lunghezza d'onda) forma i colori. I colori, e quindi le vibrazioni, si possono combinare e formare altri colori. Il blu con il giallo forma il verde. Il blu con il rosso forma il viola, ecc. Tutti insieme formano il bianco. Isaac Newton lo scoprì

e ne diede prova attraverso il famoso disco, appunto il disco di Newton. Il nero non è un colore ma l'assenza di colore.
Avete mai provato e osservato che un oggetto scuro o nero, se posto al sole si scalda più di un oggetto chiaro o bianco? Spiegazione: quando il fotone proveniente dal sole colpisce l'oggetto con una data angolazione, genera calore a causa della reazione provocata sulla superficie del materiale e dell'assorbimento di una o più lunghezze d'onda della luce. E più fotoni impattano più calore provocano. Se l'oggetto è bianco significa che tutti i sette colori dell'arcobaleno vengono riflessi e quindi non riscaldano. Se è blu che solo il colore blu viene riflesso e tutti gli altri provocano calore. E' molto facile sperimentare questo effetto. Quando l'oggetto in questione ci appare di un determinato colore, noi diciamo che l'oggetto è di quel colore, ma in realtà quello che vediamo è solo la lunghezza d'onda della luce che viene riflessa. Quindi l'oggetto non ha colore in sé, ma è la luce riflessa che ha colore.
Ogni emissione da parte del sole è di una data lunghezza d'onda. Ce ne sono tantissime lunghezze, ciascuna con i suoi effetti. Ci sono quelle visibili (i colori dell'arcobaleno) e quelle invisibili (infrarossi e ultravioletti, solo per nominarne due). Più oltre ci sono i raggi gamma, i raggi X, ecc.
Stiamo contemplando l'orchestra dell'universo composta da tutti gli strumenti che possiede, di cui noi ne conosciamo solo alcuni.
Meraviglioso.

Fino a qui per descrivere a grandi linee semplicemente situazioni che riguardano il fisico, il materiale.
Allora proviamo a uscire dai nostri confini materiali e fisici, e addentriamoci in un mondo per molti sconosciuto. Se non siamo ciechi o sordi o insensibili, notiamo che abbiamo aperto la porta verso l'esterno e davanti a noi si apre un universo fatto di colori, musica, sensazioni, emozioni, pensieri, energie. Tutto era lì, fuori dalla nostra porta da sempre.
Ora incomincia un altro tipo di esplorazione. Molto più affascinante.
Teniamo comunque ben presente il concetto della catena e anche quello della interconnessione, perché sicuramente ci sarà modo di notarli anche nel mondo fuori dal nostro corpo fisico.

Però abbiamo ancora qualcosa da capire prima di addentrarci. Forse è bene che fissiamo la mente un pochino su qualche cosa che è molto importante per la nostra vita, ma a cui non pensiamo sovente.
La famiglia. Nel mondo animale è evidente che il concetto famiglia è profondamente sentito, almeno tra gli animali superiori. Famiglia è tale quando è composta da un padre, una madre e dei figli. E' sempre famiglia quando si aggiungono prima i genitori del padre e della madre, poi i figli dei figli, E' il "nucleo famigliare" su cui è basato il concetto di società. La famiglia è la condizione base dove i più vecchi membri possono svolgere il loro compito di insegnamento ai più giovani. Dove tutti hanno un ruolo e lo scopo finale di ogni ruolo è quello di garantire la protezione l'uno verso

l'altro. Tra gli animali, la famiglia è di primaria importanza e spesso capita di vedere una mamma che fa di tutto per proteggere il suo cucciolo. E' disposta anche a morire, se necessario. Sappiamo per esempio che è meglio non avvicinarsi troppo a un cucciolo di orso, perché la mamma per proteggerlo è disposta anche ad uccidere l'imprudente curioso. Il concetto "famiglia" come lo usiamo noi esseri umani, fa venire in mente subito un ambiente sereno, un ambiente sicuro, un ambiente dove il legame che tiene unito i membri è molto forte e sentito. Be', tra gli animali è sicuramente così. Ma tra gli umani spesso, troppo spesso non è così, è solo in apparenza una famiglia serena. Allora in quel caso si può ben dire che è una famiglia malata.

Ogni essere vivente quando viene al mondo porta dentro di sé, nel DNA, alcune caratteristiche che risalgono al padre e/o alla madre; qualche volta queste caratteristiche provengono da due o tre generazioni prima. Ciò significa che nell'arco della sua vita questo antenato ha avuto dei piccolissimi cambiamenti nel proprio DNA e in qualche maniera è riuscito a trasmetterli alla generazione successiva. Forse non erano visibili, ma c'erano sicuramente, e quando le condizioni erano appropriate, ecco emergere il cambiamento.

Alcune caratteristiche nel DNA possono essere materialmente visibili, altre invece possono essere comportamentali, dovute al modo di vivere dei propri genitori o alle loro esperienze di vita.

Inconsciamente ogni essere trasmette alla generazione successiva qualche sua anche piccola variabile nel DNA.

Allora il concetto diventa molto importante ed è doveroso prenderne coscienza.
Spesso queste variazioni aiutano ad affrontare le situazioni derivanti dall'ambiente. In questo caso si dice che il nuovo nato è più adatto all'ambiente e riesce a prosperare là dove le generazioni precedenti avevano più difficoltà. Moltissime specie di animali, nel corso dei secoli e qualche volta anche di millenni, si sono modificate adattandosi a una vita nel deserto, in mezzo ai ghiacci, nelle profondità marine, ecc. e hanno tratto da questi ambienti difficili il meglio per la propria sopravvivenza.
Questo processo di adattamenti si chiama evoluzione, sempre rispettando l'idea che ci si evolve, cioè si migliora, si sale di un piccolo gradino. E' un processo naturalmente ancora in atto e lo sarà per sempre finché ci sarà la vita.
La nostra evoluzione, come esseri umani, non è diversa da quella degli altri animali o delle piante.
Però gli esseri umani hanno anche ulteriori possibilità e responsabilità. Noi abbiamo un cervello che, come abbiamo visto, velocemente impara, registra e coordina. Ma non è tutto qui. Abbiamo anche una gran parte del nostro cervello che elabora pensieri, concetti, ha sete di conoscenza, vuole il massimo dalle esperienze della vita.
E ben venga questa sete, perché è quella che ha permesso all'uomo dell'antichità di imparare nuove tecnologie di costruzione; gli ha permesso di inventare marchingegni per migliorare le proprie condizioni di vita. Purtroppo gli ha permesso anche di inventare nuove armi per dominare, prevaricare e anche per

uccidere. Ha permesso lo sviluppo dell'arte, della scienza, della musica, della filosofia. Non solo ma ha anche permesso che tutta questa ricchezza di bellezze e di emozioni, e anche di conoscenza proficua o distruttiva, si potessero trasmettere a tutti gli esseri umani del presente e del futuro.

Il dono che abbiamo e che molto spesso tendiamo a dimenticarcene per pigrizia o semplicemente comodità, comporta anche un carico di responsabilità. Ciascuno di noi è responsabile di tutto l'universo. E' difficile convincersi che la nostra responsabilità non si ferma davanti al confine della nostra persona, ma va ben oltre, attraversa la famiglia e poi la società; va oltre, oltrepassa i confini del mondo e si allarga nello spazio fin dove la nostra immaginazione può arrivare.

Quindi siamo responsabili, cioè è un nostro preciso compito, in primo luogo dello stato di salute del nostro corpo fisico. Poi abbiamo il dovere di fare altrettanto verso i componenti della famiglia, e poi verso tutti quelli fuori della famiglia, cioè la società stessa. Abbiamo il dovere di agire nell'interesse di tutti, partendo da noi stessi. Naturalmente ciascuno di noi ha come confine la sua capacità dovuta anche al livello di conoscenza.

Supponiamo che ogni creatura sia rappresentata da una molecola d'acqua sulla superficie di uno stagno. Se un qualsiasi oggetto cade su questa superficie urta contro una molecola d'acqua, la quale a sua volta urta quella vicina, ecc. Si forma così il cerchio sull'acqua che si allarga ad una data velocità e scuote tutte le altre molecole fino ai confini dello stagno, anche se l'effetto diminuisce con l'aumentare della distanza.

Abbiamo quindi visto che la "famiglia" rappresenta il nucleo di base per lo sviluppo della società. Rompere la famiglia significa distruggere il nucleo della società, con tutte le conseguenze che ne derivano. La prima grave conseguenza è la distruzione della società stessa. E' come creare delle crepe nei mattoni che compongono i muri di una casa. E poi applicare uno strato di malta per mascherare il danno. Prima o poi il muro crollerà e con esso tutto l'edificio. Morale della favola: i mattoni erano ammalati e bisognava curarli, non coprirli.
Per rompere la famiglia basta poco. E' sufficiente stabilire che la coppia originaria non è poi così importante e può anche essere sciolta. E' opinione generale che la rottura della coppia, per i più svariati motivi, sia un evento del tutto logico e un traguardo nella emancipazione dell'essere umano. Niente di più sbagliato. E' invece un ritorno alle origini primitive dell'essere umano, in barba a tutti i progressi, emancipazioni, evoluzioni. Credo che una approfondita educazione del singolo che si pone come obiettivo il formare una famiglia sia oltremodo necessaria, perché, a mio parere, ciò che manca troppo sovente è la capacità di accettare fino in fondo il significato di unione e di famiglia. Quello che ha portato all'unione di due persone per dare vita a una famiglia, in questo caso non è stato sicuramente l'amore. Perché l'amore è per sua natura contro ogni divisione e costruisce, non demolisce.
Ma allora, se due persone sentono di amarsi e decidono e promettono di condividere la propria vita, come può

succedere che ad un certo punto questo amore iniziale svanisca e le loro vite si separano?
Forse un po' di amore c'era all'inizio, ma il grosso era composto da attrazione fisica, la quale ha una durata molto breve e si accende con un niente. Viene chiamato anche fuoco di paglia. Gli basta poco per accendersi, scalda molto, in modo veloce e qualche volta violento, e si spegne subito appena la paglia finisce.
Ma se c'era almeno un po' di amore, come mai l'amore è passato? Sento spesso dire: "Eh, si sono divisi perché non si amavano più". Forse la parola "amore" non è quella giusta per descrivere ciò che li teneva uniti. Comunque sia, la morte di quello che li teneva uniti, non è arrivata da un momento all'altro. Ritorna il concetto "catena". Piccole cose, spesso anche superficiali e trascurabili, hanno avuto la possibilità di depositarsi nel quotidiano trasformandosi in semplici e piccoli anelli della catena. Alla fine questa catena avvolge la coppia e stringe, fino a far male e produce tensione, incomprensione e irrita. Dopo qualche tempo la coppia si esaspera e si rompe. Il danno è fatto.
Si può osservare la catena anche in altro modo. Cioè la catena è stata costruita dalla coppia perché aiutasse a tenere saldo l'amore di unione. Giusto e bello. Però poi il trascorrere del tempo, le piccole e trascurabili cose hanno avuto il permesso di intaccare alcuni anelli della catena e corroderli fino alla rottura.
Il risultato è comunque un disastro di cui non si riesce a calcolarne le conseguenze.

E' più probabile che il tutto sia dovuto perché come inizio esisteva un sentimento che non era amore, ma "voglia". Desiderio di avere, non di amare.
Proviamo a immaginare due particelle che si incontrano nello spazio. Esiste una attrazione reciproca e le due particelle si uniscono ma non producono una particella più grande e indivisibile. Questa unione è destinata a rompersi qualora dovessero incontrare degli ostacoli importanti.
La natura ci mostra come una particella, composta da due metà perfettamente combacianti e ben amalgamate sia in grado di replicarsi e diventare un significativo nucleo di una più complessa unità.

Ad ogni azione corrisponde una re-azione. E' indubbio e inevitabile. Se uso un coltello in modo maldestro, è probabile che mi possa procurare un taglio. Questo ferita non è certo da imputare al coltello, ma al modo maldestro (se non intenzionale) nell'uso. La ferita poi deve chiudersi per evitare danni più gravi e poi guarire. Il nostro corpo è ben preparato a questo scopo. A guarigione ultimata, come ricordo della ferita resterà la cicatrice per tutta la vita. La cicatrice è composta da cellule che non sono proprio uguali a quelle del punto ferito, e presentano delle caratteristiche un po' diverse. Per esempio, se la ferita avviene in una zona del corpo dove esiste, anche se leggera, una copertura di peli, questi non ricresceranno sulla cicatrice.
Quando non usiamo la delicatezza necessaria nei nostri rapporti con i membri della famiglia, specialmente con i figli piccoli, e come se usassimo un coltello affilato o

meno, e nel nostro inevitabile gesticolare è molto probabile ferire. Ognuna di queste ferite richiederà il suo tempo per guarire, per essere superata. Ma la cicatrice rimane a ricordo. E il ricordo può ancora fare male e spesso più della ferita.

E a questo punto entra in argomento la parola "educazione". Viene dal verbo latino educere, che significa tirar fuori, portare avanti. Quindi accompagnare nel cammino della vita la persona di cui mi sto prendendo cura, cercando di fornirle gli elementi base e necessari al suo vivere il futuro in modo sereno.

Spesso non facciamo abbastanza caso alla serietà e alla gravità di questo dovere, perché ci potrebbe sembrare gravoso e difficile. Certo è gravoso e spesso anche difficile, ma è necessario, come è stato gravoso e necessario ad altri prima di noi. Se uno dei membri della famiglia è malato, tutta la famiglia è malata e prima o poi tutta la società è malata. Di esempi e situazioni di questo tipo è piena la storia sia singola che collettiva.

Nella famiglia ideale, se un padre o una madre trasmette al figlio tutto il suo sapere, la sua esperienza, e lo fa con tenerezza, il figlio si arricchisce e capisce una virgola di più dei genitori e vede più lontano. A sua volta trasmetterà il suo sapere a suo figlio e contribuisce a creare pace e serenità. Così avviene l'evoluzione spirituale.

C'è stato un personaggio di cui non faccio il nome, insegnante di filosofia. I suoi alunni, appassionati dall'argomento imperniato su Platone, gli dissero che sembrava che ne sapesse più di Platone. Lui rispose: "E' vero, ne so più di lui, ma solo perché sono salito sulle sue spalle e vedo un po' più lontano".

Una mancata o difettosa educazione, può portare a delle conseguenze gravi e imprevedibili, esattamente come la costruzione di una casa, dove l'aiuto e l'autorevolezza dell'anziano operaio serve al giovane operaio per fare un lavoro bello, buono e anche duraturo, senza dimenticare la capacità di resistere alle intemperie, temporali o peggio, della vita. Se l'educazione è stata carente o addirittura mancante, la casa non sarà completa o comunque non sicura e attrezzata per la vita.

Sto osservando una piccola piantina di pruno. Alta e sottile, ma dritta e in verticale, come dovrebbe essere in natura. Nell'arco di una notte piovosa, al mattino questa piantina si è piegata lateralmente e incurvato verso il basso la sua fresca cima. Cosa è successo? Il peso delle gocce d'acqua ha vinto e la piantina si è piegata al punto dove non era ancora ben rassodata e forte. Come fare? Sarebbe necessario aiutarla a mantenersi eretta utilizzando un sostegno ben stretto e diritto e forte abbastanza. Ma la piantina rimarrebbe debole e avrebbe continuamente bisogno di un sostegno. E allora? Se vogliamo che la piantina cresca eretta, bisogna supportare i suoi sforzi con adeguato sostegno, che però sia abbastanza lasco da permettere libertà di crescita. Oppure semplicemente portarla al riparo dalla pioggia e lasciare che sia lei stessa a recuperare la posizione eretta. Rimarrà comunque una curvatura, la quale a dispetto del senso comune di eleganza, può diventare una caratteristica anche attraente e piacevole.

Non molto tempo fa, a Genova, un viadotto importante crollò e fu una tragedia. A che cosa era dovuto il crollo? Forse al peso complessivo dei mezzi che lo attraversavano? No. Era dovuto alla scarsa manutenzione. Il ponte era stato costruito con materiali non adatti e poco sicuri. E la corrosione negli anni non è stata tenuta in gran conto. Le condizioni ambientali, poco alla volta corrosero i materiali impiegati per la costruzione, fino al punto di rottura. E' stato un disastro. Qui entra utile il concetto di catena.

La stessa cosa si può dire parlando dell'educazione. Esperienze di vita e situazioni particolari, poco alla volta, impercettibilmente, minano la nostra costruzione interiore fino al punto di rottura, cioè al dramma come conseguenza.
Ogni giorno, ogni istante l'umanità intera assiste a dei crolli. Crollo si può chiamare quando un singolo individuo cambia direzione, si ribella a quello che nel linguaggio comune si chiama "buon senso" e commette qualche azione che danneggia prima altri, poi anche se stesso e infine l'ambiente. Avete mai osservato cosa produce un sassolino, anche se molto piccolo, che cade su uno specchio d'acqua? Prima l'acqua di superficie si espande sia in orizzontale che in verticale. Crea un piccolo imbuto. Poi torna con forza alla sua posizione originaria di equilibrio, e incomincia a propagare attorno a sé dei cerchi che continuano a espandersi, fino

a raggiungere la sponda. Poi tutto si quieta e l'equilibrio si instaura nuovamente. Tanti sassolini producono tante cerchi nell'acqua, che si scontrano e si attraversano l'uno con l'altro. Le conseguenze sono di lieve entità solo perché i sassolini sono piccoli. Diventano maggiori e disastrosi se non sono più sassolini, ma macigni. E' una legge fisica e non esiste un qualcosa che possa fermare queste conseguenze. E' una verità che non può essere negata e dovrebbe insegnare di conseguenza. E' sempre stato così.
Ma quello che preoccupa di più non sono i singoli crolli, che già di per sé sono drammatici, ma l'atteggiamento diffuso, direi generalizzato, degli esseri umani di fronte a queste situazioni. Vengono viste come fatti che riguardano altri, non producono alcun effetto duraturo nella condotta del singolo, sono catalogate come normali e quindi prive di interesse. Questo quando va bene. Ma c'è di peggio. Ci sono alcuni individui della società umana che riescono a trarre vantaggio dai singoli drammi degli altri e li utilizzano spudoratamente per i propri interessi, non tenendo in alcun conto l'opinione, anche forte, di chi pensa piuttosto al benessere delle persone e dell'ambiente. Questo avviene di continuo, in qualsiasi angolo del pianeta Terra, ma sempre e solo tra gli esseri umani.

La storia stessa dell'umanità è una storia di drammi, di tragedie, di indifferenza, di odio, di prevaricazioni, di abusi, di violenze. Sembra che ci si sia fatta l'abitudine. E questo è l'aspetto più pericoloso, perché l'abitudine toglie la possibilità di reagire e crea l'indifferenza.

L'indifferenza è il nemico numero uno della crescita della persona, perché blocca il movimento di reazione anche in modo dolce e tenero, ma soprattutto comodo. Certo, non vogliamo essere pessimisti. Infatti esistono anche cose molto belle. Realtà di nobiltà d'animo, di bontà genuina, di amore. Ma queste fanno molto meno rumore e spesso passano inosservate. "Un albero che cade fa più rumore di una foresta che cresce".
Quando piove forte in un dato luogo, l'acqua si raccoglie verso il fiume più vicino, il quale si ingrossa e dopo aver superato i limiti naturali di capienza, esonda e allaga causando danni e vittime. Era prevedibile? Certamente sì! Bastava prendere coscienza delle leggi naturali, che sono sempre esistite e sempre esisteranno. Ma allora come è stato ed è possibile che siano potute accadere dei disastri immani? Semplicemente attraverso l'indifferenza e la noncuranza del resto della comunità umana. E' doloroso e umiliante dover constatare che spesso certi fatti drammatici non lasciano traccia in chi li apprende e vengono velocemente dimenticati. Come è possibile? Quale spiegazione possiamo dare a questo stato di cose?
Credo che l'unica spiegazione valida sia che gli individui umani siano stati educati male dalle generazioni precedenti, che a loro volta abbiano avuto lo stesso da altri prima di loro. Siamo così arrivati ai giorni nostri senza quella sensibilità dell'insieme che è necessaria e insostituibile per avere l'equilibrio. Tizio ce l'ha con Caio perché Caio è più furbo o più svelto. Caio litiga con Sempronio perché Sempronio l'ha guardato male. Si incomincia così a creare il malessere che sfocia poi in

stato patologico, che genera cecità, chiusura e poi anche violenza. Un comportamento sicuramente e totalmente contrario all'amore. Ma ci si fa l'abitudine fino al punto che non si sente più la mancanza di equilibrio. L'importante però è che i fatti tra Tizio, Caio e Sempronio non ci tocchino. Cioè che rimangano fatti loro, inconsapevoli che prima o poi, come i cerchi sull'acqua, tutti ne avranno le conseguenze.
Qui sta il problema. Siamo indifferenti o comunque poco curanti di ciò che è la realtà che ci circonda.
Allora, è possibile che la realtà cambi? Io credo di sì. Bisogna prima però capire perché la situazione si sia evoluta in questa maniera attuale, e riuscire a dare una sterzata. Ci vuole di sicuro una dose di buona volontà, di uso della ragione, di abnegazione. In una parola, ci vuole tanto amore.

Abbiamo visto che l'evoluzione a livello fisico è avvenuta poco alla volta con dei piccolissimi cambiamenti negli anelli della nostra catena del DNA. Questo è avvenuto perché lo scopo finale del DNA dell'organismo vivente è la sopravvivenza. Quindi la sicurezza è di estrema importanza perché garantisce, per quanto può, la sopravvivenza. Senza sicurezza l'essere vivente è incompleto perché ha un vuoto enorme dentro se stesso, è perso e non sa più cosa fare. Qualsiasi cosa che gli sembri dare sicurezza, va ricercata e subito. Costi quello che costi. Se non riesce a trovare la sicurezza dove c'è, allora la cerca dove non c'è, ma che comunque gli dà l'impressione che ci sia, e si tiene l'impressione (solo l'impressione) ben stretta. Purtroppo crea attorno a sé un piccolo muro di protezione e questo lo fa sentire sicuro. Ecco spiegato in poche parole il motivo di chiusura. L'equilibrio e la serenità rimangono fuori fintanto che egli non capisce che il muro non ha ragione di essere e che la propria sicurezza può entrare solo se il muro non c'è e la porta è aperta.

Ciò che dà sicurezza, cioè che riempie quel vuoto primordiale dell'essere, in realtà non è solo l'atteggiamento amorevole dei genitori. E' vero che l'essere umano, quando è ancora bambino ha bisogno di sentirsi parte della famiglia, ha bisogno di sentire l'amore dei genitori perché in questo il bambino sente come se camminasse sopra un terreno solido e stabile. Con la crescita, questa solidità del terreno non basta più. Il giovane ha bisogno di poter sperimentare altre situazioni, ha bisogno di provare altro, più in alto, più oltre. Ha bisogno di entrare in contatto con realtà superiori per poter crescere nella conoscenza profonda dal proprio io e entrare in armonia all'interno della sinfonia universale.

Questa fase di crescita non è scevra da pericoli e possibilità di cadute. Le cadute producono spesso come effetto secondario la paura. Paura di perdere quella sicurezza data dal terreno solido. La paura blocca e fa pensare che è meglio fermarsi dove si è perché si sta bene e al sicuro. Quindi non vuole andare oltre e si accontenta di quello che sa. La sua risposta alle domande che il mondo esteriore pone è in quel caso: "Ne so abbastanza, ne so più di altri e questo mi basta, perché con quello che so posso progettare, far carriera, stare bene, ecc. ecc.".

E' tutta una illusione dettata dalla pigrizia e dalla poca voglia di rischiare. In realtà mette a tacere l'impulso del tutto umano di aumentare la propria conoscenza e la propria consapevolezza.
Ed è così che con il tempo che passa le piccole cose che impigriscono e bloccano diventano una crosta dura difficile da scalzare, anche perché la voglia di crescere dentro svanisce poco alla volta e alla fine si ritrova fermo e bloccato dove non voleva. E... pazienza, va bene così.

Spesso le false sicurezze hanno anche degli effetti collaterali che possono portare uno scontento generale, che può dare origine a sua volta ad emozioni negative, quali tristezza e depressione. Non volendo questo, egli si adopera perché queste emozioni negative non restino dentro e fa di tutto per eliminarle, gettandole con zelo, e qualche volta con rabbia, fuori da sé, magari addosso a qualcun altro. Purtroppo è una illusione, perché continuerà a stare male e anche peggio. Ma ci si fa il callo, come si dice, e diventa un normale vivere, con conseguenze spesso disastrose.
Siamo costantemente attorniati da situazioni negative. Sembra che la società umana sia veramente malata, molto malata. Quello che comunemente viene definito evoluzione, oppure anche emancipazione, troppo spesso non è altro che spostare il livello di guardia, senza renderci conto che così facendo perdiamo di vista la realtà di quello che è naturale che sia. Per capire meglio, vediamolo così. Si sente parlare spesso di livello di guardia dei fiumi, Altro non è che una scala numerica che indica all'osservatore che il livello dell'acqua ha

raggiunto ad esempio quota 10. Sappiamo che a quota 20 il fiume diventa pericoloso e che a quota 22 esonda e straripa, causando danni e tragedie. Ora il fiume supponiamo che abbia raggiunto quota 21, molto vicina all'esondazione, e che qualcuno a nostra insaputa abbia innalzato la scala di misurazione e che ciò che si vede è quota 10. Tutti sono tranquilli e non si preoccupano certo dei segnali di pericolo, perché la scala numerica dice che non c'è pericolo. Tutto diventa normale e tranquillo. Però continua a piovere e l'acqua sale ancora e il fiume esonda. No! Non può essere vero, la scala numerica, quella legale, dice che va tutto bene e che quindi non esonda. E tutti dormono sonni tranquilli e vengono improvvisamente svegliati dalla tragedia.

Certo educare non è semplice, tutt'altro, specialmente se a nostra volta non siamo stati educati bene. L'educazione esige un controllo costante e benevolo sui materiali impiegati per costruire la personalità dell'educando. Esige la comprensione e la totale dedizione. Il discorso diventa alquanto complicato se vogliamo parlarne, ma si può tradurre con una sola parola, spesso usata comunemente e altrettanto spesso abusata: amore.
L'amore è un'energia che pervade ogni cellula, ogni microscopica parte del tutto, pervade quindi anche l'universo, come ogni essere vivente. E' quella forza che dà a tutto e a tutti l'equilibrio, lo star bene, la serenità, la felicità.
Non è necessario arrovellarsi il cervello per capire come bisogna fare per soddisfare le nostre responsabilità. Non

è necessario spendere tempo e energie per comprendere e agire di conseguenza in ogni occasione della vita. Basta pensare al significato della parola "amore" per avere la via spianata. Al singolo spetta poi mettere in pratica quanto l'amore detta.

Facciamo ora un ulteriore salto oltre i nostri confini materiali. Entriamo nel campo delle energie. La prima, la capostipite di tutte, è l'amore, nella sua manifestazione più pura. L'energia creatrice. Quella che è sempre esistita e sempre esisterà. Va ben oltre le nostre capacità intellettive e il solo cercare di comprenderla facendo uso delle limitatissime nostre capacità ci risulta impossibile. Sappiamo che c'è perché ne vediamo gli effetti. Ma capirla è tutt'altro.
Possiamo darle un nome: Dio. Ma solo per nostra comodità di comprensione. Tutto quello che crea è divino.
I nomi con cui noi possiamo chiamare le varie forme di energia, servono a noi per avere più chiarezza nella comprensione. Energia elettrica, energia solare, energia eolica, energia magnetica, ecc. Fino a lì possiamo andare senza problemi. Poi comincia a diventare un po' più difficile il percorso, perché gli strumenti che abbiamo, cervello e capacità di pensare, cominciano a dare segni di essere inadeguati, non sufficienti.

Ci sono persone ed anche forme di vita di altra natura che possiedono dei doni particolari che permettono di sentire altre forme di energia, tipo quella che ogni essere vivente, cosciente o no, emana. Una sensibilità particolare che permette di percepire questa energia. Questo come minimo dimostra che ci sono altre energie al di fuori di quelle più conosciute, in altre dimensioni e ad altri livelli.

Noi tutti, per il solo fatto di far parte degli esseri viventi, emaniamo energia, chi più e chi meno, negativa o positiva che sia. Quale è l'origine di queste forme di energia? Credo umilmente, che esse provengano dal creatore stesso attraverso tutto il creato, attraverso l'ambiente stesso. Che siano sempre esistite fin dall'inizio della creazione e che ci accompagneranno finché durerà la creazione.

Sono le cosiddette energie sottili, che possono dare, e anche togliere, pace e serenità.

E' molto comune, anche se non ben conosciuto, l'utilizzo di alcuni cristalli o altre forme di materia, in campo terapeutico. Non credo sia tutto vero quello che viene attribuito ai cristalli o altre pietre. Però un fondamento di verità esiste per davvero.

Posso citare un esempio perché vissuto come esperienza. Cristalli di quarzo bianco o citrino o rosa, immersi nell'acqua proveniente dall'acquedotto, quindi potabile e igienicamente trattata, hanno la capacità di attrarre in poco tempo tutte le impurità esistenti nell'acqua stessa. Al gusto quest'acqua risulta essere più pura e buona. Dopo qualche tempo gli stessi cristalli devono essere lavati con il sapone dalle impurità accumulatesi sulla superficie. Poi sciacquati per bene e messi ad asciugare completamente esposti al sole, che consente loro di ricaricarsi e ritornare ad essere utilizzati. E di che natura è quella specie di mucillagine sulla loro superficie che mi costringe a lavarli con acqua e sapone? Non lo so. Oltre a questo, l'acqua così purificata è stata adoperata per alcuni esperimenti. Ad esempio due rametti di rosmarino, della stessa misura, provenienti dalla stessa pianta, sono stati messi a radicare in due recipienti di vetro. Uno con acqua normale da rubinetto e l'altro con acqua trattata con i cristalli di quarzo. Esito della prova: dopo una settimana il rametto immerso in acqua trattata aveva prodotto delle belle radichette, mentre quello con acqua normale incominciava appena a mettere radichette.

A proposito di acque speciali, posso citare un altro esperimento che spesso eseguo. Utilizzo la ormai famosa acqua proveniente dalla grotta di Lourdes. Dapprima non davo alcuna veridicità a quanto si diceva popolarmente di quest'acqua. Mi sono dovuto ricredere. Parecchi anni di sperimentazione mi consentono di dire che le proprietà di quest'acqua sono a dir poco straordinarie. Certamente può anche essere che quest'acqua abbia delle potenzialità incredibili, che però sono assolutamente inutili se l'acqua non viene utilizzata e messa a contatto con altra acqua comune. Ha bisogno di replicare le proprie potenzialità.

Gli esperimenti sono stati i seguenti.

Dei rametti di salice piangente sono stati messi a radicare in quest'acqua. Al terzo giorno avevano già radici ben sviluppate. Tre acquari per pesci tropicali d'acqua dolce, avevano un problema con la sopravvivenza di una particolare piantina d'acqua, che ogni volta bisognava andare a comperare, perché molto bella, elegante e soprattutto perché i pesciolini ne

andavano ghiotti e in poco tempo spariva. E' stato sufficiente aggiungere all'acquario un solo bicchiere di acqua di Lourdes, e tutto cambiò nel giro di pochi giorni.
La proliferazione di questa piantina accelerò e in poco tempo mi costrinse a usare le forbici per eliminarne almeno una parte per evitare il sovraffollamento. E insieme a questa piantina, cresceva anche un'alga, chiamata spirogira, la quale occupava tutto il piano basso dell'acquario. Ripetei l'esperimento con altri due acquari e il risultato non cambiò. Allora volli vederci chiaro e capire che cosa stava succedendo. Presi un pochino dell'alga spirogira e la osservai attraverso il microscopio. A stento credetti a quello che vedevo. L'alga cresceva in modo ben visibile e strano. I suoi filamenti non si allungavano velocemente soltanto, ma roteavano mentre si allungavano.
L'acqua utilizzata per questo esperimento, proveniva da una damigiana di 54 litri di normale acqua potabile a cui era stato aggiunto circa 100 cc di acqua di Lourdes, qualche tempo prima.
Unica avvertenza per quest'acqua: non esporla mai alla luce diretta dal sole e conservarla in recipienti esclusivamente di vetro. Al contrario dei cristalli di quarzo, che hanno bisogno della luce del sole per ricaricarsi.. Un fatto straordinario è che l'acqua si riproduce autonomamente. Cioè con un bicchiere di acqua di Lourdes ne può avere a disposizione per sempre. Basta aggiungere altra acqua normale.
Allora mi chiedo, quest'acqua possiede certe doti a noi sconosciute o semplicemente è così preziosa perché

viene dalla grotta di Lourdes? Ci sono, che io sappia, altre fonti di acqua del tutto particolare, però la mia sperimentazione si è limitata a quella di Lourdes.
C'è un personaggio, credo noto a molte persone, di nome Emoto, che portando avanti i suoi studi sulle proprietà dell'acqua, facendo esperimenti, ecc. ha dimostrata che l'acqua, se trattata in modo particolare attraverso le emozioni positive (amore, tenerezza, dolcezza,ecc.), la musica, i suoni, sia in grado di produrre, alle giuste temperature, dei cristalli di ghiaccio di singolare bellezza. Se invece il trattamento è fatto in presenza di emozioni negative (tristezza, rancore, rabbia, ecc.) o suoni non armoniosi gracchianti o cacofonici, la stessa acqua produca dei cristalli un po' deformi o addirittura senza schema geometrico. Egli ha parlato della memoria dell'acqua. Che stranezza! Come, sarebbe a dire che l'acqua ha memoria? E dove sarebbe questa memoria. E come fa l'acqua ad avere la memoria? E di cosa, poi? Domande, domande... senza risposte concrete.
Ma l'acqua ha memoria e i fatti lo dimostrano.

Altra cosa. E' ormai noto a tutti il detto: "Avere il pollice verde", per dire che, accudite da una certa persona dotata, le piante stanno bene e prosperano. Non è proprio così, ma è molto simile. Infatti è vero che la pianta in generale sente l'energia proveniente dalla persona che si prende cura di lei. Se la persona è solare, ma ha maniere brusche, la pianta la sente come una persona solare, positiva. Se la persona la tratta con

gentilezza, ma è triste e depressa, o addirittura rabbiosa, la pianta si intristisce e ne patisce.
Vorrei citare a questo punto un episodio accaduto realmente a me. Mi si avvicina un giorno un amico che era molto appassionato di alberi in vaso, i "bonsai". I suoi bonsai erano molto belli e rigogliosi, e ti teneva in bell'ordine su scaffali in luogo vicino alla sua casa e assicurava loro umidità e luce a sufficienza. Era spesso a tenere compagnia alle sue piante Ad un certo punto in primavera ha dovuto assentarsi per un periodo di 15 giorni, e ha dato l'incarico di seguire i suoi bonsai a un vicino di casa. Quando tornò, una buona metà dei bonsai era morta. Ce n'era uno in particolare, un bellissimo larice, già di una certa età, circa quarant'anni, ben strutturato.
Con orrore notò che il larice aveva chinato tutti i suoi nuovi germogli di primavera e stava evidentemente soffrendo. Mi chiese cosa poteva essere successo, visto che il vicino lo aveva assicurato che li aveva seguiti con scrupolo.
Allora io gli dissi. "Portatelo in casa, parlagli e accarezzalo". Non capì subito ma seguì il mio consiglio. In capo a tre giorni il larice riprese vigore e guarì del tutto.

Che cosa siamo portati a pensare da tutte queste situazioni ed esperienze? Sicuramente che le piante, sentono e sono in grado di interagire tra loro e anche con l'ambiente che le circonda. Sentono le energie che provengono dal mondo esterno a loro. E che comunque noi siamo immersi in un ambiente carico di energie di

vario tipo. Ne facciamo parte. Soltanto che solo qualche rarissima volta ne abbiamo sentore.
Forse dipende dal nostro livello intellettivo, dalla bontà delle nostre percezioni, ma soprattutto dalla nostra disponibilità a percepire.

Spesso lo stile di vita umano ha impedito che l'armonia universale coinvolgesse l'uomo. Troppo spesso nella storia dell'umanità sono accadute cose che minavano l'equilibrio universale e davano origine a situazioni sempre peggiori che altro non facevano che accrescere la sofferenza. Non è nostro compito guardare a queste condotte umane, perché semplicemente non ne avremmo giovamento. Mentre è necessario solo dare uno sguardo per capire quanto stupidamente l'umanità abbia scelto nel passato di combattere l'armonia e cercato di distruggere l'amore. Però è interessante sapere che sicuramente sono esistiti personaggi tristi e infelici che cercavano di portare avanti la propria teoria di distruzione, seminando odio e separazione attorno a sé. Spesso riuscivano nel loro intento e avevano l'illusione di poter uscire vincitori dalla lotta contro l'amore. Sì, era un'illusione.
Infatti, nonostante tutto, l'amore ne è uscito vincitore e ogni volta l'armonia universale vibrava con più vigore.
Il sentirsi parte dell'equilibrio, nasce da dentro, ed è una questione di scelta personale.
Se io desidero e voglio ardentemente stare bene, devo soltanto diventare disponibile alla percezione, facendo spazio dentro di me e lasciar entrare l'amore. Se questo sento oggi e non ieri è solo perché ieri non ero pronto e

mancava ancora qualche fase del mio cammino. Così è per tutti.

Allora mi chiedo: come mai se l'umanità ha come scopo quello di essere parte dell'amore, nella storia passata e quella futura, ci possono essere delle persone che cercano proprio il contrario? Ne sono coscienti?
Purtroppo l'umano è debole in sé, e cede facilmente alle lusinghe della negazione della luce e dell'amore. E sembra più facile lasciar perdere e non crescere. Sembra più facile e sembra addirittura che funzioni.
Il principio è che esiste il bene, l'amore e l'armonia e anche il male, l'odio e il caos. A ciascuno la scelta di intraprendere il cammino verso uno dei due obiettivi. La scelta potrà essere fatta solo nel momento in cui si è consapevoli di essere giunti al bivio.

Il male è l'opposto del bene e non una forza intesa come equilibrio, ma come energia negativa il cui scopo è la disgregazione dell'energia positiva, esattamente come l'odio non bilancia l'amore ma lo distrugge e dà origine al caos.
La luce c'è e il buio non esiste. Per non vedere la luce, basta chiudere gli occhi ed ecco che dentro abbiamo il buio. Esattamente come l'insieme dei colori dell'arcobaleno origina il bianco, così l'assenza di colori origina il nero.
Se nel nostro cammino di vita non apriamo gli occhi, non possiamo scorgere le bellezze che ci circondano e che fanno da sempre parte dell'amore universale. Allora per noi tutto è buio e abbiamo paura di muovere anche

un singolo passo. La paura paralizza e impedisce ogni movimento volto a proseguire il cammino. In effetti ci si blocca e poco alla volta ci si adegua alla situazione di buio e di immobilità e si convive con essa, pensando addirittura di essere sereni e felici. Il nostro unico obiettivo in questo caso diventa il cercare la sicurezza al buio, senza renderci conto che stiamo soltanto facendo scorrere il tempo senza arrivare a niente, nell'illusione di stare bene e di fare il possibile per essere felici.
Certo, ci vuole coraggio, bisogna metterci volontà e determinazione per aprire gli occhi perché la luce è abbagliante e sconvolge quel poco di finto equilibrio che crediamo sia il nostro vero obiettivo. Ecco che entriamo in crisi e in quel momento operiamo la scelta. Divenire parte consapevole dell'amore universale o rimanere a occhi chiusi e immersi nel mondo delle illusioni. Se i nostri occhi sono chiusi la connessione che possiamo attivare è soltanto quella con l'essere a noi vicino, perché riusciamo a toccarlo.
Nell'amore universale entriamo in connessione con tutto e con tutti. Questo è lo scopo e la realtà del divino.

A me piace pensare alla nostra vita come a un grattacielo altissimo, di cui non vedo neanche la cima. Quando siamo nati, siamo entrati al piano terra di questo grattacielo. Lì abbiamo conosciuto subito i nostri genitori, poi altre persone con cui siamo entrati in contatto. Ognuna di queste ci ha dato qualcosa e stavamo bene. Ma non potevamo fermarci al piano terra. Dovevamo salire al piano superiore e non c'era

l'ascensore. Quindi gradino dopo gradino, a gattoni, tentativi di salire. Gli scalini erano alti, enormi e spesso si ricadeva indietro, con relative sbucciature alle ginocchia e altro. Ma ci siamo riusciti. Poi un altro piano, un altro e così via. La nostra esistenza aveva già la caratteristica di fatica e pericolosità! Niente ascensore. E bisognava salire le scale. L'impulso da dentro ci diceva che era necessario salire. Per le scale incontravi altre persone, altre esperienze e spesso cadevi, rotolando di qualche gradino all'indietro. Uffa! Poi un altro piano e un altro, e un altro.
Molto spesso credo che la tentazione sia quella di fermarci e accontentarci di essere arrivati là dove siamo arrivati. Però se mi fermo, non potrò mai sapere, vedere, avere altre esperienze, immaginare...
Quindi andiamo avanti, in salita, gradino dopo gradino, senza ascensore. Domanda: quand'è che finisce? La paura di non farcela, la fatica di salire, i molti ruzzoloni all'indietro, fanno sembrare questa esperienza di vita un'impresa enorme e impossibile. E gli anni passano e noi siamo sempre appena ai primi piani. Poi scopriamo che per quelle scale c'era anche una ringhiera che ci avrebbe dato un notevole aiuto nella salita. La ringhiera c'era già dal primo piano, ma non l'avevamo notata. Ora possiamo approfittarne e la salita diventa un po' più agevole, più sicura e meno faticosa. Possiamo anche osservare un po' il panorama fuori perché ci sono dei finestroni che ci permettono di vedere il mondo fuori, anche se in modo appannato.
Filosoficamente e psicologicamente parlando, la cosa si fa interessante.

Rimane comunque il fatto che è una salita, a piedi, stancante, qualche volta noiosa, qualche volta stimolante e mai con la certezza di vederne la fine. E come tutte le salite, con ringhiera o senza, presenta il rischio di ruzzoloni e ferite. Questo spiega anche il perché spesso la voglia di fermarci e accontentarci c'è. L'ultimo piano, la liberazione, è sempre più oltre di dove possiamo vedere.

Ma abbiamo la possibilità di immaginare l'uscita all'aperto una volta arrivati. Credo che sia un infinito oceano di amore che muove tutto, dagli astri agli atomi. Che suonino tutti gli strumenti della divina orchestra dell'universo. E' una armoniosa vibrazione di cui noi facciamo parte, secondo le nostre possibilità.

Un certo Dante Alighieri ha detto:
> *Fatti non foste per viver come bruti,*
> *ma per seguire virtute e conoscenza.*

E nostro compito è far crescere questo amore universale attraverso la nostra esperienza vita.
Se riusciamo in questo, ecco che abbiamo dato il nostro prezioso contributo all'equilibrio universale e quindi abbiamo partecipato in modo concreto allo sviluppo di noi stessi, dell'ambiente attorno a noi, della natura tutta e dell'universo e come risultato finale diventiamo indissolubilmente parte integrante della divina creazione.

Solo allora capiremo l'immensità, perché ne faremo parte, come una piccola goccia in un immenso oceano di amore.

Vorrei concludere con un semplice pensiero d'amore:

Tu sei tanto grande
io sono tanto piccolo.
Permettimi di starti vicino,
di godere del tuo calore
e vivere nella tua ombra.
Vedrai, non ti darò fastidio.
Tu sei tanto grande
tu sei tanto forte
e io sono tanto piccolo.
Quando guardo in cielo
vorrei incontrare i tuoi occhi.
Quando cado a terra
vorrei sentire la dolcezza
della tua mano
che mi risolleva.
Quando sono triste
dammi un po' della tua gioia.
Quando il mio cuore ha freddo,
dammi un po' del tuo amore.
Quando sarò stanco e vecchio
dammi un po' della tua forza.
Tu sei tanto grande, forte, buono.
Quando questa mia debole vita
sarà per finire
portami con te per sempre.

*Vedrai, non ti darò fastidio.
Nell' infinito oceano del tuo amore
c'è posto per una piccola goccia.*

www.ingramcontent.com/pod-product-compliance
Lightning Source LLC
Chambersburg PA
CBHW052336220526
45472CB00001B/444